U0375425

中国建筑的双重体系

焦毅强　著

焦毅强　1945年生于天津，1964天津南开中学毕业。1970年清华大学建筑系毕业。现为场景实践工作室主创设计师，现任马建国际建筑设计顾问有限公司首席总建筑师。

设计作品可分为两个时期：

- 1996年前，注重建筑的基本功能和继承传统的建筑形式。
- 1996年后，认为建筑应当存在双重体系，尤其在中国建筑上存在的双重体系有着深刻的含义。在现代建筑设计中开始探讨双重体系的运用，其作品多次获奖。

中国建筑工业出版社

序 1

贵在自信与自主

——读焦毅强《中国建筑的双重体系》有感

当前，国人（当然包括建筑界）关注的一个问题是，何以在西方建筑师大举进入中国之后，中国的建筑师竟然一败再败，“溃不成军”？于是在媒体上，叹息者有之，嘲笑者有之，愤慨者有之，抗议者有之。建筑师自己也出来讲话，大体是：一承认有差距（视野狭窄、构思贫乏、心态浮躁、满足搬抄等等），二责怪当事者（业主、开发商、政府主管等）“崇洋迷外”、“追求新奇”、“广告效应”、“厚彼薄己”等等。以上说法，都有一些道理，但是笔者认为没有说到要害。

要害是，相当一个时期以来，我们已习惯于那种追求数量的粗放型增长模式，因而对建筑师也抱了一种轻鄙的态度，建筑师本人也依从与此种模式，形成了一种恶性循环。市场经济一来，人们急于在那些粗放模式上涂脂抹粉，以“洋”求胜。西方一些建筑师也看到这点，投其所好，于是“一拍即合”。否则何以来得这么多，精品却这么少呢？

也有的认为：这种现象的产生，是由于我们长期自我封锁的必然惩罚，并认为当今形势是在全球化环境中东西方文化交融过程的一个难以避免的阶段。笔者想就此发表一些议论，特别是在读焦兄的《中国建筑的双重体系》之后。

东方不仅是中国，至少还有日本和印度。在西方人眼中，远东之外，还有中东、近东，都属于东方。要说东西方交融，那么日本和印度比我们走在前面，我们何不审视一下他们如何“交融”，再来看看我们自己？

日本在1853年美国炮舰登陆强制其开放的刺激下，于1868年开始了明治维新，在“富国强兵”的口号下，发展产业、引进西方文化、改革军制。在建筑学方面，第一批进入的外国建筑师有英国的约西亚·康德尔等，对日本的建筑教育和建筑设计都起过重要的影响。其后在美国的赖特与安托宁·雷蒙德等的作品影响，以及留学包豪斯等国外学校的日本建筑师的推动下，引进了早期的西方现代主义。这一切终于导致以丹下健三为代表的日本自己的现代建筑大师涌现，这已经是明治维新后70～80年的事了。

表面上看，日本的“维新”是“全盘西化”的，乃至今日有许多人把日本列为“西方国家”。但实际上，日本在接受西方文化的过程中，就从来没有放松过对国民进行“大和魂”的教育。虽然这种教育曾经导向军国主义，但是它培育了自强精神。事实上，正是这种自强精神，使日本在战败后迅速崛起。和它的企业走向世界一样，它的建筑师也没有把自己关在国门之内，而是以世界视野发展自己的创作意识。迄今，已有三名日本建筑师（丹下健三、桢文彦和安藤忠雄）获得世界上享有最高荣誉的建筑师奖——普列茨克奖。

和日本主动吸收西方文化不同，印度是被迫接受的。英国殖民主义者从1600年成立东印度公司以后，不断侵略印度，导致1858

年成立英属印度帝国，直接统治印度。同时，英国也不断进行文化侵略。建筑方面，最典型的殖民主义建筑是在首都新德里建造的秘书处（1913～1928，建筑师：H.贝克）和总督大厦（1912～1931，建筑师：E.勒琴斯）。

印度在1947年独立，1951年，尼赫鲁邀请现代建筑大师勒·柯布西耶来印度设计旁遮普邦新首府昌迪加尔，以期树立印度在独立后走向现代化的形象。柯布西耶在印度设计了好几个工程，但是现代主义在印度的扎根，却主要依靠印度自己的一批建筑师，如多西（柯布西耶的学生）、柯里亚、利瓦尔等的努力，他们使现代建筑在印度本土化。柯里亚荣获国际建筑师协会的金奖。

可以说，日本建筑师是外向型的，以一种民族精神拥抱世界；而印度建筑师则更多地属于内向型，以同样的民族精神引进世界。他们的经验都值得我们吸取。

中国从蒙受鸦片战争炮火后的大部分时间，对西方文化始终是半推半就的态度，并且以“推”为主，“就”是被动的，因而对西方文化长期来处于“一知半解”的状态，对自己的文化传统也在“现代化”的过程中视若蔽屣，从而使自己沦于一个理论上虚无的状态，奈何不会溃败？其实，中国的建筑师和开发商中很有一些俏俏者。在“万国博物馆”的上海，出现了综合东西文化的里弄建筑。在洋风劲吹的外滩，出现了陆谦受的中国银行。1920年代留下的建筑，有几个比得上吕彦直的中山陵和中山纪念堂？

我记得在解放初期，曾经接触过苏联来的专家。他们对中国建筑师是看不上眼的。141个工业项目，工厂建筑不用说，连两三层的厂前区行政楼也得他们设计，中国建筑师只能做做生活区的住宅设计。然而，在建国十周年建造的北京十大建筑，却都出自中国建筑师之手，各有特色，群相争妍，到今天仍然是北京的重要景观。

我的理解：其所以能如此，关键是要有自信的精神和自主的品格。我们要向日本和印度建筑师学习的，最主要也是这两项。

我赞赏焦毅强的新作，也在于此。焦兄非常好学，又勤于实践。他通过学习中外的哲学、美学、建筑文献，形成了自己的建筑观和创作理论，并付之实践，再通过实践丰富自己的理论。人们不一定赞同他所有的观点，也不一定认同他所有的作品，然而，我们仍然应当肯定他的这种自信和自主，并希望能见到有更多的这样的努力。中国现代建筑的希望，就在于此。

张钦楠

2005年3月

序2

树·影

——《中国建筑的双重体系》读后随笔

“光”和“影”互相提示着各自的存在，例如在中午的草坪上的树影是路人的阴凉，在漆黑的电影院里一束光投在幕布上就演出了故事。树和幕布很重要，没有它们就无所谓光和影的分别，关键的是没有它们，光和影就没有生命。就像科幻片里经常出现的，一道陨石闪过无尽的令人绝望的太空，只不过更突出了那种死寂。

建筑的内空间和外空间也是这样一对互相决定的存在。柯林·罗和弗瑞德·科特的《拼贴城市》就是用几何学的方法研究两者的关系。场所的理论、完形心理学的理论、行为科学的理论更将研究引向深入。

这些研究有一个共同的特征，就是将人作为普遍的、抽象的概念，这样能保证他的研究和结论是理性的、科学的。可有时候一个场景、一个瞬间，当它触动你的时候，其中肯定还有什么在起作用，就像触媒。

我们这些建筑师现在常挂在嘴边的，比

如广场、公共建筑这些，其实在中国的传统城市中是没有的，它们来自完全西方体系的城市概念。西方的建筑暴露在蓝天、白云、阳光之下，有光影为表情的、外在的。而中国，是曲径通幽的、起承转合的、讲究悟与冥思的，是在曲折的流线中感受着变化的一个旅程。从这个旅程我们或可领悟人生之旅。与自然不是那种界限清楚的，而是渗透其中。在浅浅的庭院中，从一草一木的联想，是以一叶见森林、一花见世界的境界。

而现在城市里的外空间要不就是消极的，要不就是虚张声势的，和建筑僵硬的并立在一起，境界难以谈起。

某国学大师将中国文化就概括为两个字“境界”，虽然美妙，多少有些虚。我们现在就生活在混凝土丛林中，写字楼、购物中心、公寓就是我们的世界。我们还能在城市中拥有那种境界吗？

中国的城市、园林和建筑曾经寄托了中国文人的宇宙观和生活观。一方面他们把盖房子的叫“匠人”，另一方面他们利用建筑创造“私我的自然”，陶醉于“本我”的有无之间。“有”与“无”相伴而生，就像光和影，自己就是那棵树。

一方面跨越“匠”的层面，另一方面给“境界”实在的解释，是这本书的特点。与其说是研究，不如说是感悟。不重逻辑推理，重在归纳提炼。仿佛来自于书本积累的升华，实际源于生活体验的表达。

上学的时候，看过一本意大利老建筑师的专辑，那时候，他大概都有80多了吧。他的自序，那么多年了还忘不掉。他说他一辈子做建筑设计的冲动都来自于儿童时住过的老宅，咚咚响的木楼梯、磨得发亮的扶手，阳光从平台上的窗子里射进来。他说他一辈子的努力都是要还原这种场景，只是到了80岁了才意识到。

这就是所谓“归属感”、“场所精神”吧，但我总觉得这些词无法得其精髓，不如说就是生活。同样说到中国建筑，提到斗栱、勾栏之类，不会觉得是活的东西了。可这本书里提到的，就算被我们的城市、建筑遗忘了，在生活中还活着呢，不是要拯救它们、保留它们，提到这些词就想到大熊猫，其实已经没有生存的能力和意义，这本书里提到的历史和文化，那个底蕴还在生活中，当你被一个场景触动的时候，是它们在起作用。

所以，我建议看这本书的时候，试着找找它背后真正的本源，或者说找一找那棵“树”，这本书就是它投下的影子。

我们这一代建筑师的生活体验已经和作者那一代不同了，“电脑儿童”那一代又和我们不同。生活给了我们历史和文化的印记，将来有一天我也把它写出来会是什么样子呢？

焦　舰

2005年3月

前 言

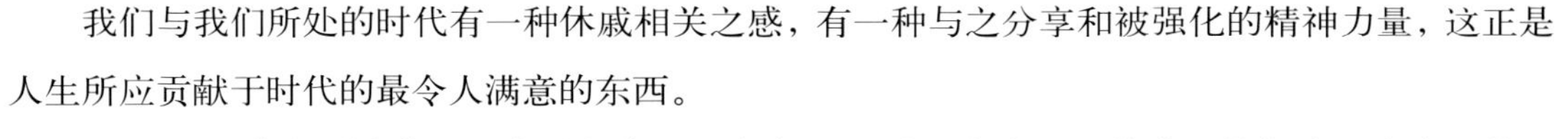

我们与我们所处的时代有一种休戚相关之感，有一种与之分享和被强化的精神力量，这正是人生所应贡献于时代的最令人满意的东西。

19 世纪 60 年代后半期，马克思发表了《资本论》，诺贝尔发明了炸药，俾斯麦一步步地趋于控制欧洲，在艺术方面，当时还未命名的印象派开始排除古典大师在一个模拟的深层空间运用明暗手法，造型的传统，过去所构想的主题，一开始被一种新的艺术观念所取代，使其自由地发展。“欧洲的旧秩序彻底崩溃了，有些东西已一去不返，即 1914 年以前欧洲的艺术舞台上的统一，稳定和完美的国际主义。”

康定斯基曾指出：“任何艺术作品都是自己时代的孩子，它常常还是我们感情的母亲。每个文明时期也这样创造着其独特的不可重复的艺术。”与欧洲出现“混乱状态”至今相隔一个世纪，中国出现了巨大的变化。改革开放带来的飞速发展伴随着中国进入 21 世纪。但 21 世纪的中国建筑仍存在着非秩序的混乱状态，仍在继续寻求新时代的本体发展模式。艺术的现代观念是新的一代人总的表达方式。在这个意义上，要成为现代的就要面对生活环境中发生的一切变化适当记载。它包括人类文明中的无意识和非理性的因素。艺术家必须自由地去重新发明空间，重新组合结构，假如在这一切中获得成功，那么就有可能产生“美的更高秩序”。人们常犯的错误是总想找到一个大家共认的绝对法则，像自然科学的标准那么分明，以便在设计创造中容易操作。对建筑的评价存在单一“标准”，这个“标准”随着时间，一个时期、一个时期地发生着变化。临摹、抄袭、千遍一律是以潮流形势出现的。再加上权力和金钱的作用，中国建筑的“混沌”状况就形成了。中国建筑的发展离不开建筑师的创作，建筑师离不开对建筑理论的认识。要改变建筑创作的“潮流”状况，就要鼓励建筑师的自我个性。对作品的评价也要改变，艺术本身应当有不同的流派。对艺术的评价就不能按当时“潮流”的一个“标准”来决定等级。不同风格的作品怎么划分它的等级？作品按潮流套入了一个等级，建筑师又按行政级别加上了权力色彩，建筑创作的繁荣就被束缚了。建筑创作当前的发展应当是多元的，对作品应给宽容的态度，不然就像当年义玄禅师被人认为异端邪说。是谓，一路行遍天下，无人识得，尽皆起谤。建筑的好作品怎么出世。

由于深感中国古代建筑的光辉，随着“潮流”多年来在设计实践中进行着不断的探索。从民居的厚拙简朴中找元素，学习继承古建，但这样的继承对于现代人的现代生活总是存在着局限性。常常反思这是否偏离现实，去创造一种建筑形式上的“不真实”。当今随着中国的发展，中国建筑师已经和国际上的建筑师放到一个共同的平台上，甚至有些平台还倾向了国外。

作为一个建筑师，不得不反思、探索建筑的形式。这是因为生存。东与西，新与旧，日与夜，整洁与堕落不断变化，不断转型。我们必须适应这一变化。

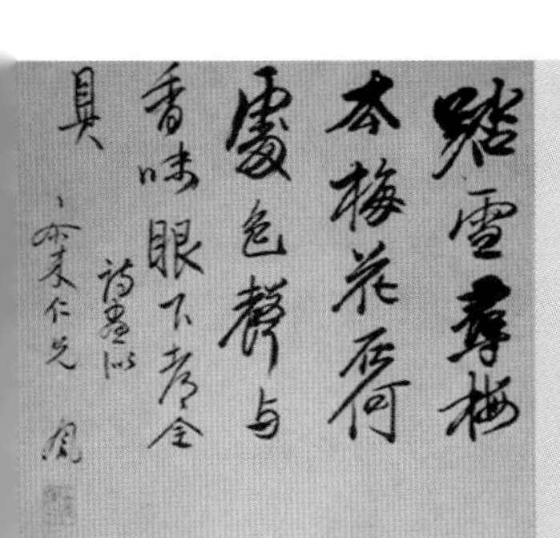

踏雪寻梅去，
梅花在何处？
色声与香味，
眼下都全具。

宋.张风

目录

中国建筑的双重体系

寻找中国建筑的内在本质因素，并在现代中运用，就是对传统文化的继承。

我国传统建筑经历了数千年的发展，至今仍使人感到内涵丰富，成就辉煌，世界无不为其独特的风格感到震撼。

中国的建筑专业人士历经数十年的研究，至今仍寻求对传统建筑的继承，面对迅速发展的现代生活，中国传统建筑的形式、构造方式已不能适应。面对中国传统建筑的震撼力至今的表现，面对中国传统建筑与当今时代的难以适应，我们应当换个方式去研究这个问题。

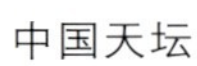

中国天坛

中国太庙

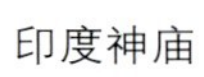

印度神庙

一、艺术的纯粹和永恒的因素

康定斯基指出："每一个文明时期创造着其独特的不可能重复的艺术。试图复活过去的艺术原则至多只能导致类似死婴一样的艺术作品产生。我们不可能像古希腊人一样去感受，用他们的内在生命去生活，可以举例说来，力图采用希腊的雕刻原则创作出的只能是与希腊雷同的形式，而作品本身则永远是毫无生气的。这种模仿好比猴子的模仿。从表面看，猴子的动作与人类的动作酷肖，猴子坐着，捧着一本书看，做出一副冥想的神态，但是，这些动作毫无内涵可言。"

目前对风行多次的"大屋顶"，这种简单的复活中国传统建筑部位的方式已经否定，扣上大屋顶的现代建筑，让人压抑，与时代不协调，这种照搬方式的建筑艺术没有任何感染力。这种方式用于现代住宅尤其使人感到难受，住到里面不知自己是否已经做古。中国传统建筑艺术强烈的感染力到底在那里，是不是有更深的层次所在。

艺术存在着其内在的必须原则：

1.作为创作者应该表达他所特有的东西（个性因素）；

2.应该表达这个时代特有的东西；

3.应该提供一般艺术所特有的东西（纯粹和永恒的艺术因素），纯粹和永恒的艺术因素是永恒的、它不受时间和空间的影响。

艺术的作品不论何时、何地成形，都应当具有上述三个因素。这三个因素交织在一个作品中，集中对世人展现。能超越时空还有影响力的应当是其中"纯粹和永恒的因素"。对于有振憾力的历史作品，我们应当寻求的是其中隐藏的第三个因素。

例如，印度神庙中带"拙扑"雕刻的圆柱像，其充盈的精神留存至今；埃及古雕刻今天带来给我们的冲动要比给它那个时代的人带来的冲动猛烈。时代和个性的印记和其存在的纯粹和永恒的艺术因素，在历史作品中极其有力地连在一起。现在我们在它们身上看到的并为之感动的是其中的永恒。在今天，在历史作品中能看到永恒的，当时的作用也可能是羸弱的。所以今天还能看到永恒是因为它存在着艺术的特有的东西。

埃及的古雕刻

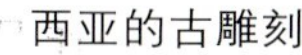

西亚的古雕刻

凡·高《麦田日出》

康定斯基《青山》

毕加索《友谊》

艺术作品的创作隐于其中的，个人的个性因素和时代的特有因素越多，就越使人感到作品的“现代性”，就越容易被现代人接受(这里所指的个人的个性因素包括艺术家个人原创型的，也包括他人的原创而加以引用的，还包括照搬的。)在现今作品中一种流行的艺术方式到处运用。人们以为它有“现代性”，作为时代的特有因素很容易成为时尚。当今时代的形象代表印记在流行，西方时代的过去时在流行。艺术作品中其时代的因素所以容易被人接受，因为它具有“时尚”。

艺术作品应当存在纯粹和永恒的因素，它存在的越多就会越有力地窒灭前两个因素，但因为它不入“时尚”潮流，而难以被人接受。当其第三个因素的声响企及人的精神时，可能该是过了一百年。

艺术所特有的纯粹和永恒的因素是不受时代、地域影响的，它在艺术作品中的优势地位乃是其辉煌和艺术家辉煌的表征。

艺术作品这三者因素紧密交织在一起，其内在纯粹和永恒因素常被前两者掩埋，所以艺术发展过程中就在于把纯粹的和永恒的因素，从个性和时代风格的因素中剥离开来。

个性和时代的风格在每个时代都会形成其当代的许多精确形式。有些尽管貌似千差万别，但从机体上彼此间都却极其相似，可视为同一种形式。这些精确的形式展现出作品的形象，并不是根本的纯粹和永恒的东西，随着时代的变迁，地域的更移，这些精确形式的影响力就会消亡。所以我们过去创造的东西，今天已不需要再创造；过去需要的东西，今天已不需要了。整个世界在不断地发生着变化，这种急速的转变意味着一个更加自由、更加自发、更加独立的思想状态；意味着在现代这个摩登的时代，许多新事物的层出不穷；意味着生活环境将变化得越来越快。“时尚”的作品随着潮流是会消亡的，今天追求的应是有实际价值的纯粹和永恒的东西。对于做为古董、文物加以保护搁置于博物馆的那种艺术则是另外一回事。

中国传统建筑的艺术至今给世人以强烈的震憾。宫殿、民居、园林、寺庙，其艺术形象让人永久不能忘怀，其振憾力存在着纯粹和永恒的因素。现在应当是真正该抛弃“秦砖、汉瓦”的时候了。我们需要显现的是中国传统建筑真正的永恒光辉。

二、天人双向感应的宇宙观

“中国的东方文化体系，不同于欧美的西方文化体系，东方文化体系是一个综合体系。这个体系把事物的各个部分联成一体，使之变为一个统一的整体，强调的是事物的普遍联系，即见树木、又见森林。西方文化体系是一个分析的体系，把事物的整体分解为许多部分，越分越细，比较深入地观察事物的本质，只见树木，不见森林。”这是季羡林先生的评价。中国文化，有普遍联系和整体观念的特点，汉民族有有机整体的思维方式。

金岳霖先生指出，“每一个文化区有它的中坚思想，每一个中坚思想有它的最崇高的概念，最基本的原动力。作为世界性的大文化区中国，其中坚思想，最崇高的概念，最基本的原动力，万事万物之所不得不由，不得不依，不得不归的道才是中国思想中最崇高的概念，最基本的原动力。”道可以合起来说，也可分开来说。“道一之一，天地与我并生，万物与我合一。”

在中国传统文化中存在着天人感应论和神学目的论，其基本特征是首先肯定有一个主宰自然社会乃至整个宇宙万物的至上神，这个至上神又用阴阳五行为材料构筑一个自然的世界，神的意旨通过这个自然世界体现出来。在神学体系中予设了一个天人发生联系互相感应的链条，或中间环节，即天或天神通过阴阳五行构成的物质性的自然界，去指导和主宰君、臣、民及人间的一切事物。同样，这个程序又可逆向发生作用，人的行为也可使自然界发生变化，从而感应上天。

从神 ——› 物 ——› 人；

从人 ——› 物 ——› 神。

这是一个双向的感应关系。

“天之与人、昭昭著明，甚可畏也。”

“人主自恣，不循古，逆天暴物。”

人类的活动同某些自然现象成为一体，此谓：“类同相召，气同相合，”同属一类便会互相感应。

中国传统文化以“太和”为最高目标，是天与人、自然与社会的整体和谐方式。

钱穆先生在《中国思想史》中指出：“中国思想有与西方态度极相异处，乃在其不主向外觅理，而认真理即在于人生界之本身，仅指其在人生界中之普遍者共同者而言，此可谓之内向觅理；中国思想认为天地中有万物，万物中有人类，人类中有我。由我而言，我不啻为人类中心，人类不啻为天地万物之中心，而我又为其中心之中心。而我之与人群与物与天，寻本而言，则浑然一体，既非相对，又非绝对；中国文化过去最伟大的贡献，在于对“天”、“人”关系的研究。中国人喜欢把“天”与“人”配合着讲。我曾说“天人合一，论是中国文化对人类最大的贡献。……”西方人喜欢把“天”与“人”离开分别来讲。换句话说，他们是离开了人类讲天。这一观念的发展，在今天，科学愈发达，愈易显出它对人类生存的不良影响。”

针对钱先生的分析，季羡林先生指出：“天人合一的思想是东方思想的普遍而又基本的表露……这种思想是有别于西方分析的思维模式的东方综合的思维模式的具体表现。这个思想非常值得注意，非常值得研究，而且还非常值得发扬光大，它关系到人类发展的前途。”

体现古代天人感应的绘画

三、中国建筑的双向感应体系

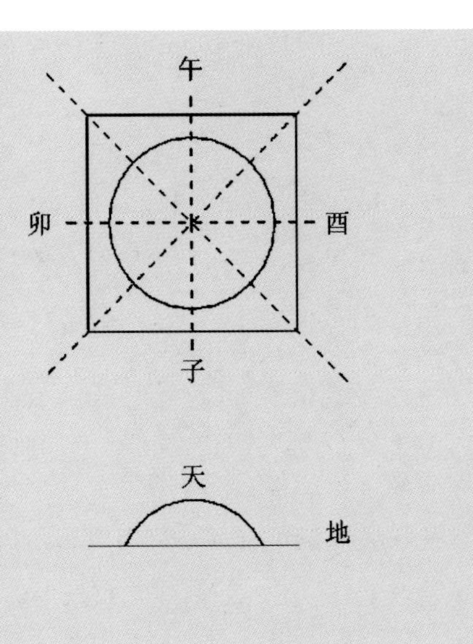

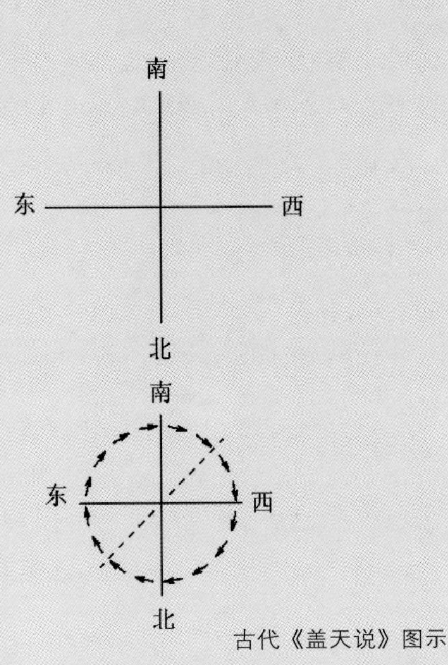

古代《盖天说》图示

天人双向感应的宇宙观深刻地表现在中国传统建筑上。但在中国的学术传统上，长久以来建筑的技术和艺术并没有形成一门独立的学问。而当具有科学思想的学者去开始研究时，正值中国反封建的高潮，所以长期以来，对中国建筑的研究重点在于其所表现出来的外在形式和风格，而较少探究其设计的根本实质。

由于现代科技来自西方，一个现代的建筑设计者是并不需要知道斗栱的构造和雀替的权衡的。《华夏意匠》指出："对今后新的建筑发展上，更重要的问题就是历史经验如何有用于今日，新的和旧的，传统的和现代的之间究意存在一些怎样的具体关系？这都是需要十分清楚地解决的。"

建筑是构成文化的一个重要部分，是全部文化的高度集中表现。我们研究中国古代建筑怎么能脱离其所形成时代的中坚思想呢？对天人双向感应的宇宙模式的研究长期以来一般正经的学者不愿做这些事。古代禁忌，以现代科学知识衡之，似乎荒唐可笑，但人类学家却很重视禁忌。作为社会规则对原始人类的特殊意义，认为即使其荒唐之处，也可能从当时的思维方式、行为特点和环境作出正面解释。

天人双向感应的追求表现在三个方面：

1.对于人，是自我生命的最佳状态；

2.对于家，是生存时空最佳状态；

3.对于国，是群体生存最佳状态。

其中的任何一种状态都是追求与天道自然形成最和谐的状态。"家"和"国"的建筑形态是各自与各自的"天"相对应的相互感应状态。是一种天到物到人，再由人到物到天的天人相通的空间形态，其中的物就是建筑。在民间是以家为单位，自成一个完整的感应系统，是属于自有专用的。就国而言，更加完整的天到物到人，再由人到物到天的相互感应设施系统，就成为皇家独有的。整个国家与天的对接是由天子完成的，这个链条存在，皇家的天下就有保障，在中国古代更换朝代时，其天人双向感应的专用链条，宫殿、太庙及一切与天人对应有关系的设施必须全部毁掉。所以古代建筑是很少有保存下来的。正因为这个主要原因，至今给我们在古代建筑实物上留下相当大的空白。

家作为一个最基本的社会单位，形成天到物到人，再由人到物到天的双向感应的独立系统。所以一个基本住宅建筑形成也是来自于宇宙的模式。

《中国文化》4期中艾兰在"亚形与殷人的宇宙观"中对亚字形进行了分析研究，并参照罗马尼亚学者关于古代宇宙里的"中心"意义的理论，指出殷商人心目中的土地之形为"亚"字形。在器物和建筑中存在的亚字形是古人心目中宇宙中心的象征。《淮南子天文》说"天圆地方"。这个说法一直在中国传统中流行。到了"五行"说中，出现了"五"方：中、东、西、南、北。这样土地就是一个"亚"形。爱利尔的中心象征说认为"人的思维很自然地倾向于从对立面进行联想，上下，天地，东西……在西方犹太基督教传统里，对立通常是绝对的对立，而在中国传统里对立的阴阳是从互补关系来理解的。"

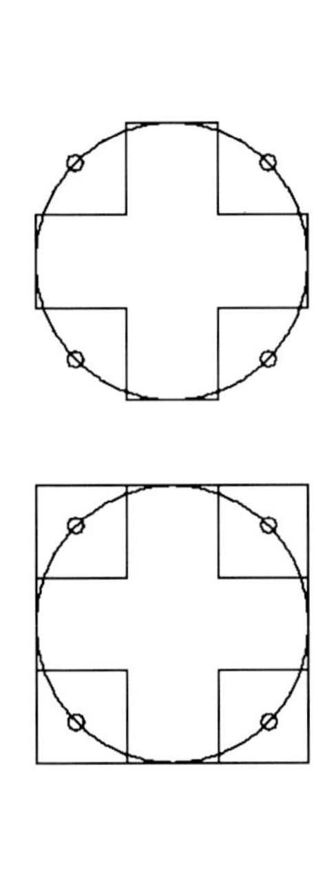
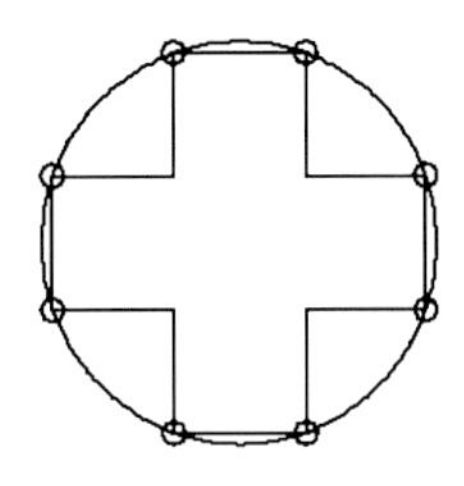
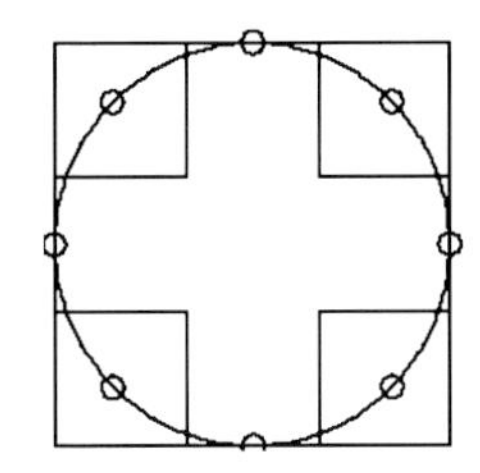

亚字形宇宙图饰

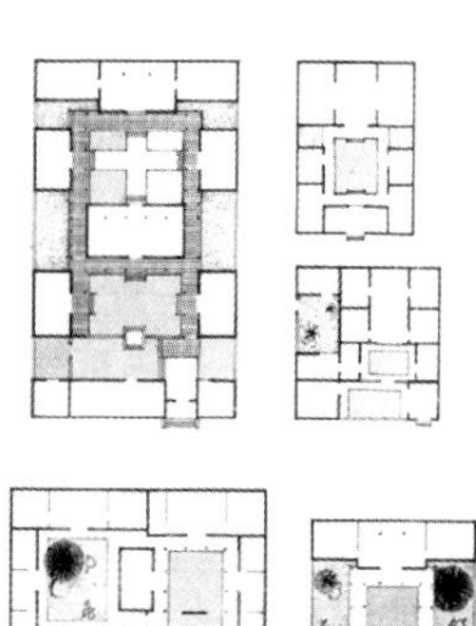

各种形式的四合院

人立足于大地上，他怎样来看宇宙呢？二元对应显然不够了，东，意味着有西；而东西，就意味着南北。人只有立足于一环形之轴，或四个方向的中央，才易取得和谐之感。

从宇宙学上看，人除了意识到两度空间外（前后左右），他当然还意识到第三度空间，即上和下。上和下可以是天上和地界。

古代人认为天是圆的，穹拱形的，地是平的，是方形的，呈亚形。亚形所象形的土地可分为五部分，中央和四方，四角有柱支撑天体，所以四角空缺，才成为亚形。就像古代占卜龟的腹甲块的形状，有四角的缺凹，或是方鼎的底座，它在安置四支鼎足之前也是一个亚字形。有了这个亚形，在它的东北面、西北面、东南面、西南面四处放上四支足（或是山），它们就支撑起一个原形的天。这就构成了一个宇宙，如果进一步把“亚”字扩大成一个大的方形，图形就变成了一个“琮”字形。这样看上去，图形有九个部分，这与中国传统中的说法“天下”为“九州”就有了联系。

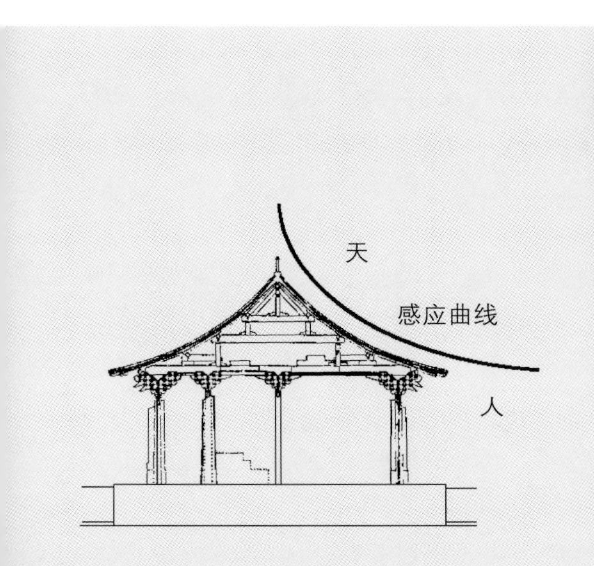

古建筑的双向感应曲线

陈梦家曾讨论过甲骨文中关于宫室的名称，他提出殷商时的宇宙为“亚”形。他说：“由于辞宫室的名称及其作用，可见殷代有宗庙，有寝室，它们全都是四合院似的。”王国维根据稍晚一些的文献，主要是《考工记》推想出周代的“明堂”、夏代的“世堂”、商代的“重室”都是亚形。亚形有古代人认识宇宙的深刻含义。

李零在《式与中国当代的宇宙模式》中也表明了古代人认识的宇宙形式。先秦两汉时期，天文学上流行的宇宙模式是“盖天说”，观察者把天穹看作覆碗状，把大地看作沿“二绳四维”向四面八方延伸的平面。天空以斗极为中心，四周环布列星，下掩而与地平面相切。两者投影关系，可视为方圆叠合的两个平面。“四方，是用两条直线十字交叉构成的方位坐标，子位代表北方，午位代表南方，卯位代表东方，酉位代表西方。在《淮南子，天文》中，纵轴子午和横轴卯酉是叫“二绳”。古人认为阳起于子，阴起于午，卯、酉各半之，阴阳二气之消长是与四方相配合。”

家独立进行天人的双向对应感应，因此需要以宇宙的形式相对应以便形成“家宇宙”。“家宇宙”以亚形平面出现，以便体现亚形的宇宙含义。按爱利尔关于古代教仪式里的中心象征说方面的理论，中心是最显著的神圣地带，是绝对的存在物的地带。在这一点上，可以接近以最终与神灵世界达到和谐。以中国四合院为代表形成的就是一个亚字形平面，构成了一个宇宙的模式，中间的中心空出以形成与天达到和谐的接近成为感应地带。中国院落的布置就形成了两个空间部分，即“天的空间”和“人的空间”。

亚字形平面的《盖天说》也反映在中国的陵墓上，陵墓的穴也是亚字形，这在古墓的发掘中已证明，上面的复土也是覆碗状的原型。中国的陵墓以入土为安，土象征着生命循环的复始，在土中也有气的流通，在土中运行的气是地气。

中国的《盖天说》描绘了一个宇宙的模式，这个宇宙模式就是太极，在宇宙模式中完成气的运动，从而构成万物。

朱熹认为:“按太极规划组合起来的阴阳二气是宇宙的本源。”周敦颐说:“无极而太极。太极动而生阳,动极而静,静而生阴,静极复动。一动一静,互为其根,分阴分阳,两仪立焉。”这里的无极是无声、无臭、无形象、无方所,指的是阴阳未分,万物未生之前的混沌状态。

朱熹的《宋理学》认为“盖太极而理”理是气和万物的结构规则。太极与气是两个概念,但并不是两个事物,就原始混沌的物质而言,它是阴阳之气,就气的结构规则而言,它是太极。太极与气、理与气是同时存在的,本无先后之可言。就一事物所以成为该事物而言,理是本。理也者,形而上之道,生物之本也,气也者,形而下之器也,生物之具。

任何事物都有阴阳二气组成,由于气的结构规则既理的不同,从而出现不同的事物。同样任何事物的运动都是由阴阳二气的运动所构成,由于气的运动规则即道的不同,从而出现不同的运动形式。

太极是气的静态的结构规则,道是动态的运动结构规则,一个空间的结构规则,一个是时间的结构规则,就结构规则而言,它们是相同的,都是形而上者。

关于天地和日、月、星辰的生成过程,朱熹说:天地初间,只有阴阳二气。气的运行,磨来磨去,磨得急了,便拶许多渣滓,里面无处去,便结成个地在中央。气之清者便为天,为日、月,为星辰,只在外常周环运转。地便在中央不动,不是在下。

关于人类的生成过程则认为:“无极之真,二五之精,妙合而凝。乾道为男,坤道成女,二气交感,化生万物。万物生而变化无穷焉。惟人也,得其秀而最灵。”

天地万物和人类的结构规则,一方面保存了太极这个最完善的结构规则的完整信息,另一方面又具有自己不同于它物的结构,从而使自己于其他事物区别开来。这两方面的结合,就是“理一分殊”。它有两个含义:

1. 太极是万理的根源,人人有一太极,物物有一太极。太极衍变成万理之后,这万理虽各不相同,但万物中却仍然存在着一个完整的太极信息,即最完善的结构规则的信息。

2. 天地万物各有自己不同结构规则,从而使万物具有不同的地位功能和作用。

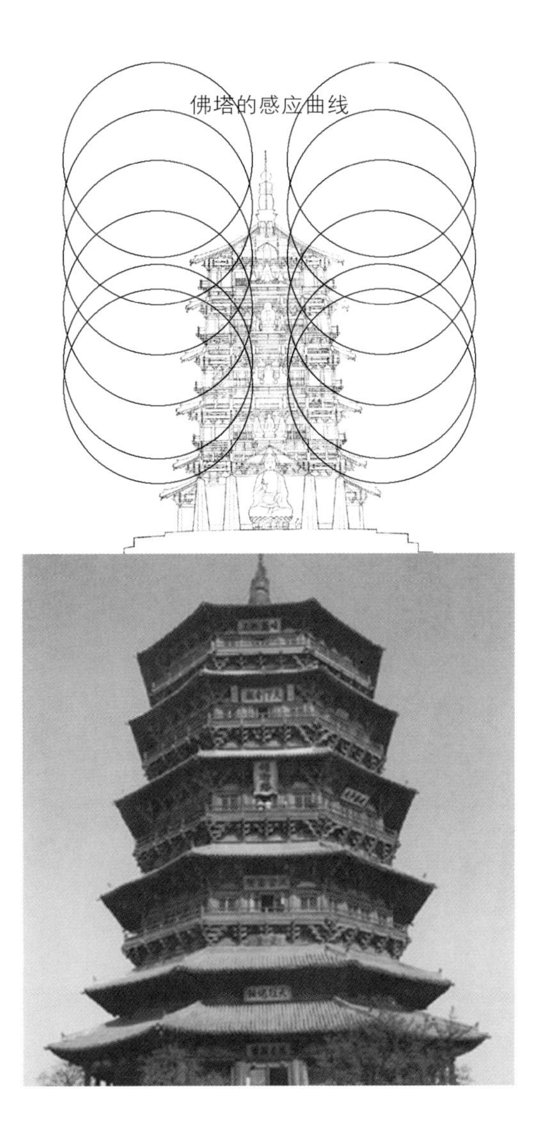

以家为单位的宇宙模式存在的太极信息,它需要与万物的完整大宇宙太极信息进行着相互的感应勾通,以达到合一的状态。这就是中国建筑必须有一个围合封闭专属空间的作用的理由。

佛塔传入中国其形式也纳入了“双向感应体系”。层层的出排屋檐形成了一层屋檐一层“天”的喻意,成为天与人多重的感应对应关系。它包括大“对应”和专属区域小“对应。”

中国古代人的生活离不开天人双向感应。做为“家宇宙”这种居住生活空间极需尽快形成,以便接通天人感应的链条。这需要寻找最快的建造方式和最能尽快建造的材料。另一更主要方面,就是“五行”说,“阳变阴合,而生水、火、木、金、土。“五气顺布,四时行焉。五行一阴阳也;阴阳,太极也;太极,本无极也,五行之生也,各一其性,”阴阳二气到宇宙万物,中间要经历一个“五行”阶段。“五行”构架世界万物。“天地之所以生物者,不过阴阳五行……以阴阳五行而言,木、火则阳,金、水则阴,而土无不在。”木、火呈现出阳的特征,而火的阳性更强,金、水呈现出阴的特征,而水的阴性更强,土则阴阳平和,不相上下。

西方的建筑史是神庙和教堂的建筑史，是以神为中心

“家宇宙”的“天”需用“木”支撑，“木”代表着生长，代表着生命，中国古代建筑的人的活动部分用木结构建造就是理所当然的了。同时木结构施工方便，能尽快完成。这就形成了中国古代建筑木结构的特点并不断发展。“对于中国发展本骨架结构的建筑有一些学者却是首先论及“木”、“石”的有无问题。建筑学家刘致平在他所著的《中国建筑类型及结构》一书中说：“我国最早发祥的地区——中原等黄土地区，多木材而少佳石，所以石建筑甚少”。李约瑟的看法就不一样，他认为“肯定地不能说中国是没有石头适合建造类似欧洲和西亚那样的巨大建筑物，而只不过是将它们用之于陵墓结构、华表和纪念碑”。《华夏意匠》认为“西方的建筑史是神庙和教堂的建筑史，是以神为中心。而中国任何时候都没有发生神权凌驾于一切的时代，是以人为中心。神是永恒的，人是暂时的，中国人坚持本结构的建筑与此有很大关系。”《华夏意匠》也没看到中国古代的天人双和感应关系对中国古代建筑的绝对制约、也是与神有关系的。中国建筑不以石为主要材料还有一层含义，中国古人认为宇宙是天圆地方，圆形的天的四角是由三山五岳的石来支撑，所以石料就不好动，石动了，形成了宇宙的不稳定。

关于天人感应董仲舒有关于“天道中而复始”的循环论，以“三统”、“三正”为历史循环。认为寅、丑、子三正，与黑、白、赤、三统构成一个历史循环周期，与天、地、人三才相配合，便是人类发展的轨迹。由于有这个认识，所以体现在传统建筑色彩上，其黑、白、赤的主色调也就相应形成了。关于三统，日合于天统，月合于地统，斗合于人统，五星之合于五行。

按现代色彩学的分析，原始色从色谱的角度来讲是：红、黄、蓝三种原色，还有一个极色即白色和黑色。从物理的角度三个原色的综合为黑色，从光学的角度三个原色的综合为白色，黑色和白色是色彩的两个极，按路德维希在《美术史原著》中的观点，认为“白代表光，没有光就看不见颜色，让黄代表土，

绿代表水，蓝代表空气，红代表火，而黑代表火素上的暗，因为在那个地方没有日光能够施展威力和因此可以照射的物质或固体。”

中国古代主色调中黑、白、赤三种颜色中黑和白是极色，只有红色是三原色的一种，这样看来中国古代用的红色就显得尤为重要。

在中国传统中还有下一个层次的颜色系列，即五行配五色中的青、赤、白、黑、黄。与三统色相比多了青和黄两种颜色。而青和黄又与原始色的蓝和黄相近，所以中国人的传统颜色与三原色加上极色的色彩种类数量正好一致，在色彩学中最重要的颜色也就是我们古人运用的颜色。中国人对颜色的象征意义按三统色赤代表天，白代表地，黑代表人；按五行，四季和方位也有一个颜色对照，和西方人是不一样的。

三统色中惟一的一个原色红代表天，在这里颜色的重要性和天的重要性是相匹配的。黑代表人，赤和黑的转换关系可从火焰或太阳光的变化感觉到，这种关系对照了天与人的相互感应的关系。

中国建筑的材料和颜色的运用含有天人双向感应的内涵。

刘歆以太阳由“萌”至生成，所显之色为喻象，由赤（天统：夏）而黄而白（地统，殷）而黑而青（人统，周；赤五行之本色）终而复始，又为赤统。汉为赤统，代汉者必为（黄）白统，汉为火德，代汉必土……《三统历》成了四大名历之首。汉民族也由黄帝子孙演变为炎黄子孙。至今汉族仍以红色为大吉大利之色，皇宫取色也墙红、瓦黄。另一种说法是古代以民为水，故民间建筑颜色多黑色，天子为了统民故以土治水，皇宫建筑所以颜色多为黄色。古代中国建筑的色彩也与天人感应有密切关系。

古代天人对称关系中天地万物和人类结构规则，一方面保留太极这个最完善的结构规则的完整信息，另一方面又具有自己不同于它物的结构，从而区分万物。而物物各异其用就是这个道理。中国思想形成的是一种儒道互补的基本格局。天人感应是通过阴阳二气的运动完成的，朱熹认为，按太极规则组合起来的阴阳二气是宇宙的本质。“内气萌生、外气成形，内外相乘，风水自成。”为了形成的宇宙感应空间，提供阴阳二气的活动空间场所，所以这个空间是围合封闭的。中国人自古以来在选择及组织居住环境方面就采用封闭空间的传统。只有封闭的空间才能通过阴阳二气的流动形成天人的双向感应。为了加强封闭性，还往往采用层层封闭的办法。在这个天人感应过程中起重要作用的是气，封闭是为了留气，还有一个重要方面就是提气，增加气的质量，在中国围合的四合院中为此常采用多进院的形式。

门是天人双向感应的主要部位

河北民居－焦毅强

中国古典建筑也是一种门的艺术，有立于宫殿正门前的阙、华表、牌坊、照壁、石狮等。门体现了主人的身份，同时更重要的是气场空间的气口，起引“气”导“气”作用，气口对围合空间的“凶吉”也起很大的作用，气口是天人双向感应的主要部位，所以门神与佛像等都设在入口处。

中国的民居外部装饰基本全部反映在入口处，大面积的厚实体块中突显出一个精彩的门，是一种很好的建筑手法。

在一个基本单位的天人双重感应空间里，中心是最神圣的地带，与天达到和谐在三度空间里还需要有一个高度层面。“台”不但构成建筑物的基座，还是建筑物取得高度的一个手段，是用堆土来完成的，老子曰“九层之台，起于累土。”中国建筑不追求西方建筑的高大，西方思想是上帝与人的上到下的单向关系。中国的天人双向感应思想是个双重往复的对应关系。中国建筑要控制的是感应的高度层面，而不是建筑物的高度。中国古代也有向高空发展而筑台的，《陆贾新语》曰：“楚灵王作乾溪之台，百仞之高，欲登浮云，窥天文”。曹魏的时候也曾有“中天之吕”的构想，这些都是要与天直接相接，而非天到物到人的双向感应。

屋檐的弯曲线交汇成响亮的一点

还有一个在单位空间的双向感应起重要作用的就是屋顶。中国建筑的屋顶的几何图线运用的是曲面，这一点区别于西方建筑的直平斜面。中国建筑屋顶曲线形成了横向和纵向两类。两种曲线一个是屋顶的坡度曲线，一个是檐口的横向转曲线。

由天到建筑到人，再由人到建筑到天的双重感应关系，在中国建筑的屋顶曲线上表现得最为突出。四合院屋顶的平面在空中形成了一个合抱的圆，体现了“天圆地方”的喻意，中国建筑屋顶曲线从各个方向都体现着与“天”感应的圆弧线。

屋顶的坡度曲线，其指向并不直接冲击天地，而是弯曲的指向院落这个亚字形平面中心的上部，这显然是为了形成天人双向感应的高空感应层的。檐口曲线的运动轨迹从两个方向指向屋檐的角点。这一角点也是吉祥、安全、显贵装饰的重点。曲线的斜屋面成为中国建筑的一个主要特征，中国建筑屋檐，东西南北上下均为曲线，弯曲的组合就像太极的合抱状。屋顶抽象形成围合了一个宇宙形象，形成了天人双向感应的层面。

屋面的弯曲线形成了动感的轨迹，康定

屋顶形成了多种弯曲线，可认为是感应曲线

斯基非常重视，“点尤其通过角的形式突出出来。并经常在雕塑上得到强调——所达到的正像中国建筑由曲线引向一点的效果一样，短促，响亮的和声萦绕回荡，如同通向独特形式分崩离析的桥梁，它的回声消失在建筑的周围虚空中。”

中国建筑微微向上反曲的屋檐，屋角反翘，举析、屋顶两边弯曲和具有运动张力的曲线和向前方冲击的尖角点，这些用来沟通建筑与“天”的联系。

总之在中国建筑中存在着天人双向感应的系统，主要采用围合的空间形式。随着建筑围合空间的层次深度的层层展开，与之相伴的另一体系气场空间也层层流动展开。“气”是中国传统哲学中最重要的范畴之一，中国建筑中更加注重气场空间。“气”是天地万物最基本的构成单位。天人双向感应就是通过“气”的流动来完成的。

四、中国建筑双重体系的抽象概念

以院为中心的建筑群组织方式成为中国建筑的主要形式，其最大原因，就是从天到人，从人到天的双重感应关系，需要形成的一个宇宙模式。人生活在人工围合的院里，院成为与外界环境的一个过渡。院子成为中国古典建筑平面组织的一个重要内容，由此看到中国建筑形成了两种不同性质的空间。

一种是有屋顶的四周封闭的室内空间，"人"的空间。

一种是没有屋顶的四周同样是封闭的室外空间。"天"的空间称为"感应"空间。

这样建筑就形成了两个体系，一个是"天"的体系，即自然的体系，虚的体系；一个是"人"的活动体系，实的体系。李允指出"中国的建筑艺术可以分为两个方面，一方面是建筑"物"的方面的创作，包括结构、构造和各种装饰，这种"物"的设计一般视作为工匠们的工作，很多时候都没把它看做创作的重点。在建筑艺术上，这并不是意匠的最终目地，这只不过是一种手段。艺术的创作主要在于空间系列的景象的组织和安排，序列空间按节奏地将意念传达给人。这就不是"物"的创作了，是由"形"转化为神的一个过程。古代对建筑的要求并不是只希望构成一个静止的"境界"，而是一系列运动中的"境界。""中国建筑艺术是一种"四向"以至"五向"的形象，时间和运动都是决定的因素，静止的"三向"体形并不是建筑设计的最终目地。"但今天我们已不如古人，我们只在"物"的创作、而忘记了神的创作部分。

纽约大都会博物馆中建有一个中国庭院，这个庭院是完全根据中国江南园林庭院建造的，但这个建筑物你去看后就觉得它和中国

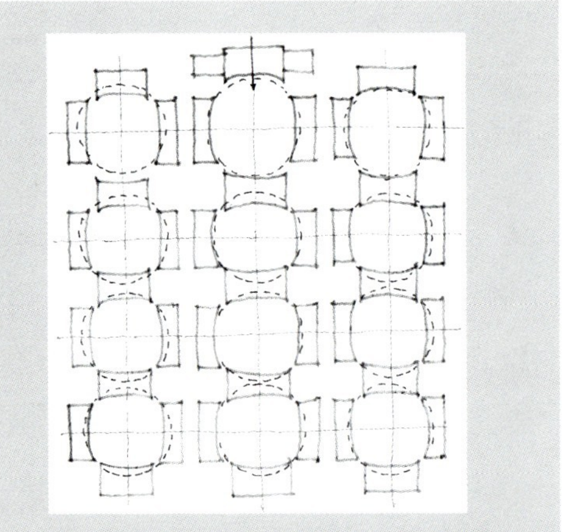

每一个围合的居住空间都是按天圆地方的规律形成各自的由天到建筑到人再按人到建筑到天的双重对应的感应关系，组织起来成为连片的次序。

本土的园林庭院相比逊色很多，缺少了艺术的感染力。这是为什么？就是因为在大都会博物馆的中国庭院没有深层次的空间景象安排，在建筑庭院组织中缺少了运动感。按天人双向感应关系来讲，就是缺少了一个"气"场，形不成一个完整的中国人天人感应的宇宙模式。其中只有"物"的形象而没有了"神"。

建筑与空间组合的连续运动是中国建筑区别世界其他建筑的一个最主要的特点。

中国建筑艺术中存在着的运动感十分精彩，这是一个由空间和时间编织起来的双向的互动，这种运动是由物和神组为一体的连续不断，按时间顺序形成的景物变换，形成不断的"动作"。

我们看到历史上的艺术作品，无论印度的，埃及的，中国的……今天还能照样震憾着我们。这些艺术的永恒的表现一般都与神有关，这是为什么，是因为人的感知有共同点，不分民族，不分时代，作为当时与"神"结合能成为最有震憾力的艺术它能震动古人，今天也能震动现代人。

在现代这个科技高速发展，人类已进入太空的时代，新事物层出不穷，然而对中国传统建筑的继承却几十年维持在对古建筑的模仿上。建筑和现代生活脱节，成为中国现在建筑中最保守的一部分。它让我们感觉不到现代的生活，更无法感觉到未来。甚至离现在的生活越来越远。对中国传统建筑继承的固定程式就像凝结的冰块那样牢固，而没有任何解冻的迹象。由于这种固定的程式有一批传统的观念，所有这一切都被一些人看成是不能改变的。

纽约大都会博物馆的中国庭院

应当赞同康定斯基对艺术规律的分析。即艺术中存在着艺术创作者的个人特性、时代特性、也同时存在着纯粹的永恒的因素。中国传统建筑是产生于农耕时代的建筑，它是那个古老时代的孩子，是今天的老人。今天中国传统建筑能使深为动情的主要部分，不是时代在它身上的表现，而是在它身上存在纯粹和永恒的因素，永恒的因素才是我们的祖先对人类的真正贡献。

在这里作为极初步的认识，对中国传统建筑中的抽象概念进行探讨。

1.中国人对建筑认识的含义和西方是根本不同的，在中国，建筑不只是独立的个体"物"，而是一个与专属环境包含在一起的双重体。一个实体，一个虚体，共同形成中国人心目中的双重感应的宇宙。在中国，建筑的边界扩大含入了周边的领域。这种建筑的表现，也可以说是追求建筑与环境合为一体的双向感应的互动性。这里所指的环境不只是指现在人们常说的环境，而是属于建筑自我的小环境，这个环境是有归属性的。这种形式就像中国绘画，西方的绘画是将画全部画满，不留空隙。而中国画是讲究在画中留白，留白的布局和形象其意义深度越过画本身，"白"也是画的一部分。

中国建筑的抽象概念之一：实体与虚体共同组成的双重体构建了自我宇宙模式。设计实体的同时更要设计虚体。

2.中国建筑和西方建筑不同，建筑不是一个在空间中静止的状态，而是连续不断地随时空变换的运动状态。建筑的这种运动是建筑和专属环境合一的，按层次深度展开的变化动作。其组织形式可以是平面的，就是四合院的组织方式。这里的四合院是含有感应空间的。也可以是垂直的，就是佛塔。

这种连续不断的空间组合形成了人的视点的不断转移，视点的变换形成了建筑的运动感。这在中国画里也有表现，中国绘画运用的是散点透视，而西方古典绘画运用的是焦点透视（时至今日西方的现代绘画很多也不在用焦点透视了）。散点透视使中国画的欣赏方式是画面形象逐步展现的。

中国建筑的抽象概念之二：连续不断的小复合体（建筑与专属小空间）按平面或垂直方向展开，形成动感的连续形体。

3.中国建筑和西方建筑不同，建筑本身强调的是"对立"。中国式的对立不是西方的绝对的对立面，而是对立的统一。更主要的，这个对立不只在物体本身，还存在其环境的气场中。具体表现在共用专属环境层面间的建筑形象。

中国建筑的抽象概念之三：强化专属空间对立统一的运动感和建筑体之间的互动。

4.中国建筑和古典西方建筑不同，强调的是在建筑中运用弯曲面和弯曲线。强调运动的轨迹，动作方向都与天人双向感应的感应面有关，即指向建筑专属空间的领域中心。

中国建筑的抽象概念之四：建筑动感运用曲面和曲线并和专属空间发生紧密关系。

中国建筑不同于西方建筑只存在一个"物"，中国建筑存在一个"物"同时还存在周边专属的空间的"神"。即中国建筑存在着一个双重体系。这个双重体系常给了我们至今能为之感动的振憾力。这可能是中国建筑至今能感动人的纯粹和永恒的因素之一。

原始美术的变形特质，是天真自然的美。原始人（也包括非洲澳洲土著居民）选择并要表现的重点，往往和高度文明社会的人所料的不相一致。从造型艺术角度观察这类变形：保持本质特征而无关细节；而且：这类变形构成独立系统的均衡比例关系，用追求摹写客观自然的观点是无法解释和理解的。

五、中国建筑双重体系的现代意义

我们不能脱离开当今的时代，不能离开现在时代来继承中国建筑。应当溶于这个时代。时代的特征应当反映在现在的中国建筑上。当今时代是人类共同创造的。中国建筑今天已没有必要在继续农耕时代的材料和建筑方式。现代的建筑材料，现代的结构形式，现代的科学技术都应当运用在中国建筑上。但作为中国建筑有一个根本东西没有改变，就是有机整体的思维方式为代表的“天”与“人”相互感应的形体组织模式。

中国传统建筑的内在本质规律是可以运用到现代建筑上的。

1.自我宇宙模式。中国先秦两汉时期流行的宇宙模式是“盖天说”。把人类生存的平面大地用覆碗状的天穹盖住。无论住宅、宫殿、庙宇无不是取其象征意义，都希望有一个自我体系的天。形成封闭的双向感应空间，这个空间常以封闭的四合院来完成。所以形成我们看到的四合院的形式，是基于当时的材料和技术水平。如果有现在的技术古人要是建四合院也不一定是现在这个形式。技术发展的今天古人的真正愿望可以实现了，盖天这种覆盖形式已经运用，可这种建筑型式首先不是中国人运用的。不知道西方人的设计是否源于中国的《盖天论》。美国费城歌剧院，北京国家大剧院，这些都属于当今时尚的建筑，具有中国传统精神的建筑，没能出自中国人手中，就像申请专利本来应当是我们的，可申报晚了成了人家的了。但也不要紧，他们设计的盖天穹顶有缺乏，费城剧院的工作人员反复讲，里面热得很，能源消耗是个大问题。这种盖天顶的形式，有建筑专属的空间，但没有与天感应连接，少了一个大层次，如果用中国的完整《盖天论》还应增加与自然的紧密联系。这点对于费城歌剧院和中国大剧院都是容易做到的。中国大剧院如果增加了周边自然的联系，也不会在长安街形成完全的孤立。

将《盖天论》成为一种建筑的覆盖形式，成为了现代建筑中的一种时尚手法。它可不只是费城歌剧院和中国大剧院的形式。形式延伸是没有边界的。它应当有更好的设计作品。

2.连续平面的和垂直的体系是由多个复合体组成，复合体含有实体和专属空间，这将会形成内外空间均有运动变化的新的建筑。

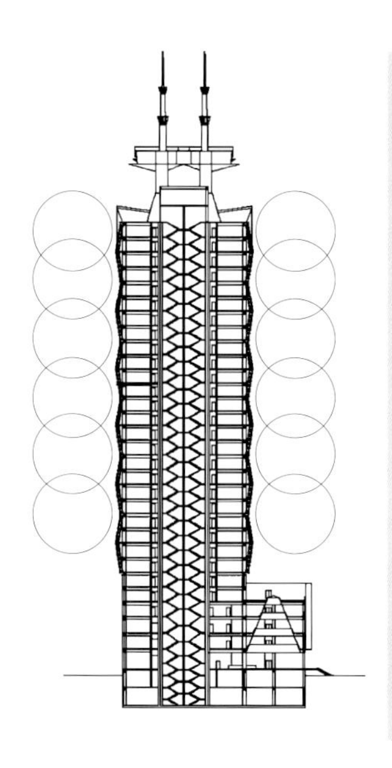

洛阳公安通讯信息指挥中心的凹凸外围护，每一组都形成一个对应的自我感应空间

中国建筑的概念包括周边的专署空间

《苍岩山》——焦毅强

我在“洛阳公安通讯信息指挥大楼”设计中曾初步在外围护中作了尝试，并引起社会的极大关注。

洛阳公安通讯信息指挥中心的凹凸外围护，每一组都形成一个对应的自我感应空间，按垂直方向从上至下连续不断形成多重对应感应空间，这和中国佛塔的层层对应空间是完全一致的。洛阳公安通讯信息指挥中心的外围护在中国建筑的最基本意义上完成了继承。其几何图形分析见图。

多个连续的部分将其分别设有专属空间，并将其一一覆盖，现代技术实现也很容易。如果覆盖后连续形体再有变化就会有更深远的意义。

3.强调建筑双体系之间空间的艺术处理，强化其动感和形态。体现空间中“气”的流通和“神”的存在。

太行山中有个苍岩山，山中有个深山古庙，架在山缝中，古庙在缝中形如一个点，庙的上下气体在不断流通，令人神往感人的不是“物”，是“神”，虚体可能更感动人。如果建筑设计把精力注意在空间中，再含有运动的因素，这样形成的建筑可能很具有现代感。

福建民居夹缝

它表现了物理学中物体的相互引力。

4.动感曲线、曲面的运用并指向专属空间。

进入故宫的午门，阳光的照射使屋檐下一片阴影，阴影隐去了柱子和墙身，我们仍感到强烈的感染。是什么？是屋顶。是独特的弯曲线与弯曲的面及它们的运动轨迹。运动轨迹伸向了庭院；屋檐两边方向的弯曲线引向了屋顶的角点。根据这种曲线特点，在天津保税区弯曲钢架中应用。不同的是在角点处分开，并未使其到一个点上。线的运动轨迹有意在设计中跨张。所用材料是现代材料“索膜”，其他所有的物体即全部材料全部省略了，只留了两条最根本的线，成为双向感应曲线，形成的就是一个现代的形象。天津保税区标志的两条曲线控制了一个专属的感应空间，这个专属空间中没有建筑实体，这里的喻意表现的是“神”，是“精神”，是体现整个保税区进取同时又与宇宙合为一体的精神。它的传统继承没有了过去时代的烙印，但保持了内在的永恒因素。

标志曲线来源于屋顶曲线

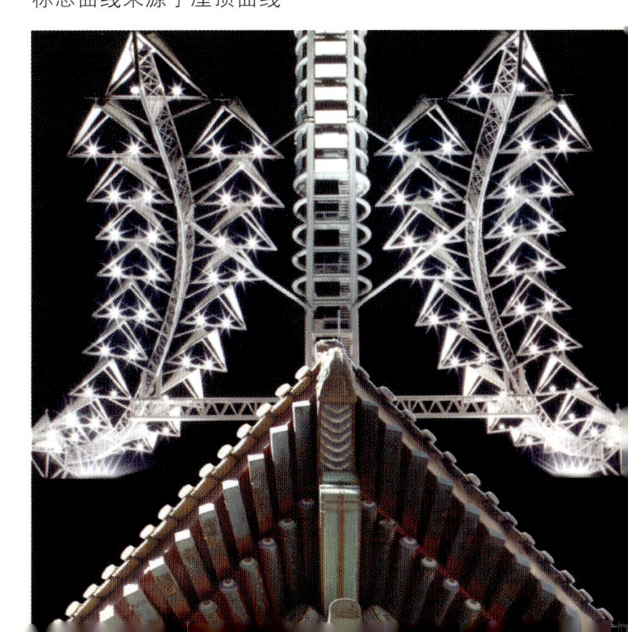

六、创造具有中国文化特征的现代建筑

近百年来，世界人类文化之宗主，可说全在欧洲。但很多人并不认为现代建筑的本源一定来自他们。因为建筑从来就是人类全文化的载体。

自古希腊至文艺复兴时期，在欧洲人的生活世界中，认为天体是上帝所造，因而与上帝一样完美无缺，永恒不变，这成为中世纪经院哲学的重要基础。钱穆说："西方人喜欢把"天"和"人"离开分别来讲。换句话说，他们是离开了人类讲天。"在西方建筑中体现的"天"是"上帝"的至高无上，表现的是一种神的威严。

就当今世界而言，起主导作用的是现代文化，它是建筑在现代科学基础和现代文明之上的。现代建筑应当体现的是现代文化，而现代文化的含义有两个方面：一是共性的，即现代；一是个性的，即体现地方文化。过去百年来西方的个性文化一直与其相应的时代共同发展，所以人们认识形成了现代文化就是西方文化。由于历史的原因中国的个性文化较长时间与时代脱节，所以在现代建筑上较少体现中国文化。钱穆先生指出："最近五十年，欧洲文化进入衰落，不能再为世界人类文化向往之宗主。"而发展中的中国应当在现代融入中国文化，应寻求体现中国文化的新型现代建筑。

按西方文化发展起来的建筑无论其形态做何种变化，它有一个共同的特点，即建筑本体直接面对环境，它体现了人与上帝的直接关系。

中国文化形成的建筑也有一个特点，即建筑本体不直接面对环境，而在建筑和环境之间有一个过渡的专属空间。我们现在如用这个建筑与环境之间过渡的专属间，与建筑一起来构建现代建筑，这个现代建筑就是一个全新的模式。

现在设想一种现代建筑，它包括有两个因素：一是它具有现代性，现代生活的功能，现代的材料和现代先进的科技；一是它具有中国的地方文化，即建筑外拥有专属感应空间。这将是一个独具创意的新建筑。

这种具有专属感应空间的现代建筑，用专属空间过渡协调了建筑和环境的直面关系。对环境和人都是有益的。他强调了人和物，人和自然的内在的，本质的，构成性的关系。它改变了建筑对自然的霸权。

有专属空间的小建筑

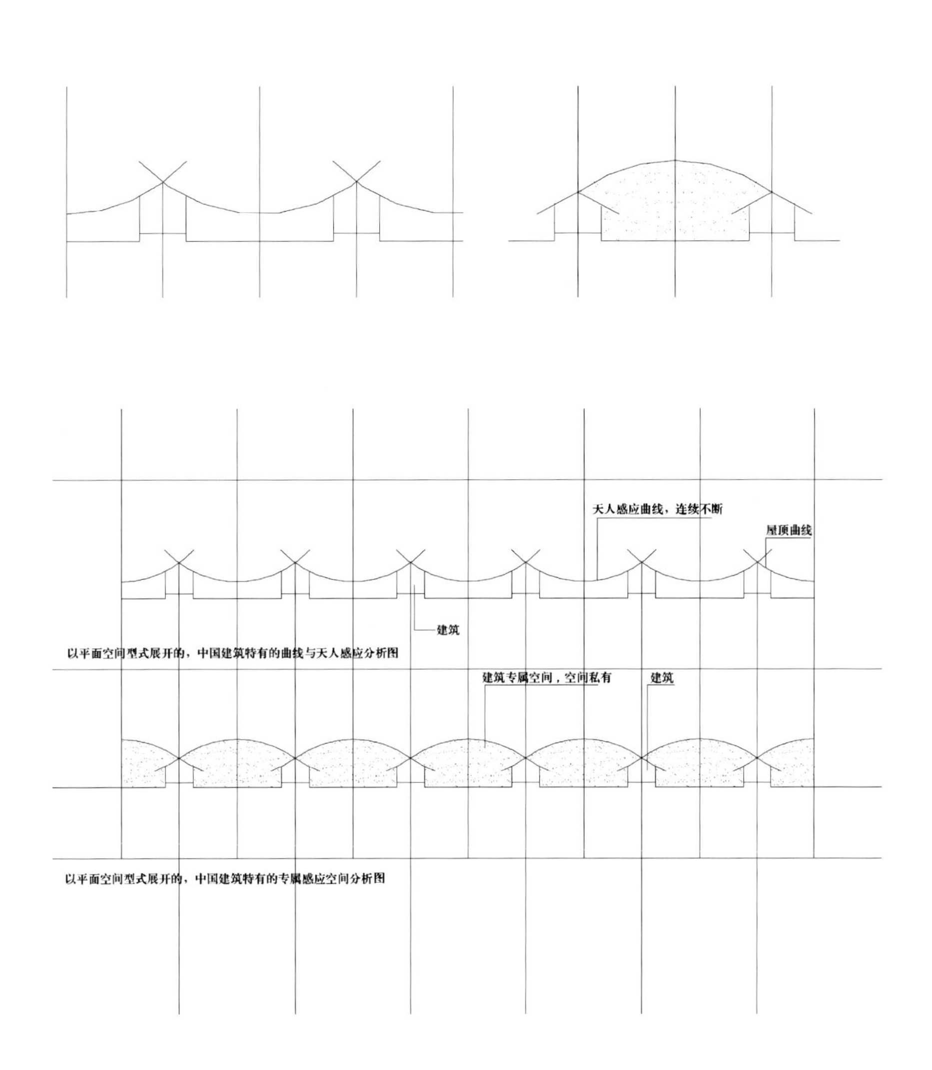

以平面空间型式展开的，中国建筑特有的曲线与天人感应分析图

以平面空间型式展开的，中国建筑特有的专属感应空间分析图

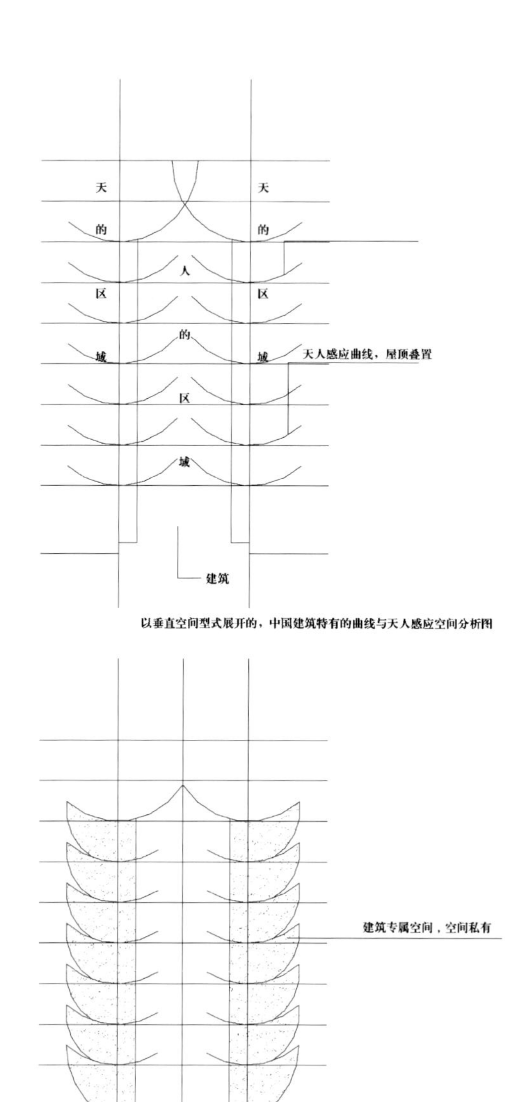

以垂直空间型式展开的，中国建筑特有的曲线与天人感应空间分析图

以垂直空间型式展开的，中国建筑特有的专属感应空间分析图

动听的音乐引起我们内心的回声，音乐是无形的，照样能激发心灵的碰撞，在表现内在心声的深度上，音乐有着得天独厚的力量。它把我们带入一个不用耳朵而用心灵来体验的境界，音乐这种神奇的境界。叔本华认为是“意志自身的写照。”康定斯基认为：“音乐在数个世纪里，都是一门以音动响的方式表现艺术家的心灵，而不是复制自然现象的艺术。”艺术存在着旋律、数学的抽象结构……现代艺术大师早已开始探讨内在需要的，发源于心灵的、美的东西。

具有独特艺术性的中国音乐，戏曲已走向世界，交响乐的加入形成了中国音乐现代的合声，中国的建筑也存在着激荡人类灵魂的琴声。中国文化的继承和发扬光大，是当今时代中国人的共同责任。对于中国及文化的传统精神，钱穆先生指出：“自古以来即能注意到不违背天，不违背自然，且又能与天命自然融为一体。”

古人说“博厚所以载物也；高明所以覆物也；悠久，所以成物也。博厚配地，高明配天，悠久无疆，如此者，不见而章，不动而变，无为而成。”

但愿中国的传统精神能在现代建筑中发扬光大。

中国建筑双重体系中的已知空间

我的桌子受到光照，一会儿更明亮些，一会儿更暗淡些；可能更热一些，也可能更冷一些。它也许污染了一块。它也许有一条脚折了。它也许经过修理，重漆，各部分都逐一更换过。但是，在我看来，它还是我每天在上头写字的桌子。

物体是一个复合体。它由颜色、声音、温度、压力、空间、时间等等，以各种各样的方式相互结合起来，其中有些部分常会出现变化。但是，恒久的东西的总和总是比逐渐的改变大得多，所以这些逐渐的改变可以略而不计。我们可以给这个恒久的东西加进新的成分，也可以随后从中抽出不合适的东西。我们对于这恒久的东西比较熟悉，这个东西比可变的东西对我们更重要。

人们心中中国建筑的组成包括：大屋顶、斗栱、木构架、颜色等等它们以特有的方式组合而成，根据我对中国建筑双重体系的分析它还应有一个专属的空间。它们复合了中国建筑一个宇宙的空间模示。我们现在改变它的一些组成，比如改变斗栱和颜色，人们认为它还是中国建筑。再进一步将外露的木构架隐藏（或改变），人们认为它也还是中国建筑。如果去掉了大屋顶，有人可能就要担心它是不是还是中国建筑。现在可以使人不必担心，传统的河北民居就没有大屋顶，它一直存在于广阔的华北平原和太行山区，河北民居就是中国建筑。它没有大屋顶，没有斗栱，木构架隐藏，墙体厚实，颜色也不同，白色的墙，黑色的门窗。中国建筑形式不必非要存在大屋顶，只用河北民居形式的存在就可以证明。这就像人们都熟知的，要证明天下乌鸦不是一般黑只要找到一只白乌鸦的道理一样。实际上中国建筑没有大屋顶的形式的确还有很多。

《河北民居》——焦毅强

作为中国建筑的形式，河北民居围合的院落形式没有变，它拥有的专属感应空间没有变，人们感觉到它仍旧是中国建筑。

组成物体有许多是属于恒久的东西，在除去这一个或那一个组成部分时，不会感到有根本变化，因此每个组成部分都可以单独地除去，而留下的东西还能代表那个恒久的物体，被留下就是核心的东西。

中国建筑因时间、地域差别会形成千变万化，其没有改变的根本的东西就是中国人对宇宙认知并与它合为一体的相互感应的建筑空间形式。中国建筑没有了大屋顶可能会像一块巨石落地引起强烈的振动，中国建筑要是没有了封闭围合的专属感应空间那将会像割断了它的中枢神经，破坏了它的整个系统。

这种空间形式的理念扩大到自然界就形成了更大区域的围合。围合的区域是被界定了的。它是一个人类生存的有限空间，不是对自然的无限扩张。这一点对保护自然的资源的节制开发都是有益的。

站在北京颐和园昆明湖的东岸，夕阳下周边的建筑形象在光照下消失得只留下局部的剪影，建筑的屋顶，斗栱，木柱已看不清，但这时也还能感到这是一个中国的环境。能代表中国特点的建筑符号都已消失怎么还能感到呢？我们看湖水和周边山和岛围合的剪影，湖周边山的剪影为湖面界定了一个区域环境，这个区域环境优美安定，水波的起伏和柳枝的摆动使人感到一个循环的气息在区域内川流不息的运动。这是个具有中国传统风水格局的环境，所以我们才感到那么熟悉，才认知它。这个区域特点不同于面对大海的环境，我们站在青岛、烟台或是大连的海边，如果没有周围的建筑做为标识，你就不能辨别所处的位置。面对大海，海面虽然也能平静，但人看不到海的对面，海的前方给人的感觉是一个未知，而这个未知是人不能感到的，只有上帝才能知道。中国式的围合界定空间是一个天到人和人到天的相互感应空间。而西方的无边界空间不是一个相互感应的空间，因为上帝不喜欢相互作用，上帝是万能的。西方的这种理式来自神明，这个神明就是上帝，上帝在他们那里。

昆明湖的环境则不同，它是一个已经被界定了的环境，在人的心里它是一个已知的空间环境，这个空间环境虽然很大，但它是围合的，它也代表了一个“天圆地方”的宇宙模式，形成了一个较大区域的天人相互感应的空间。这个宇宙模式是我们认知的。

按中国传统的“风水”说，中国的版图是，砌一个更大体系的围合空间，这个围合空间的祖先或本源是昆仑山。想像中的昆仑山是生气之源，脉从那里向外扩展，从北方开始以北干、中干、南干的形式在中国的大地上流动。这三大干龙与黄河，扬子江等大水系有关联。中国大格局的版图也是“亚”字形大陆的“天圆地方”的宇宙模式。

被界定的中国式的空间结构具有多重性。第一重为建筑自身内部低层次单位，即功能使用的空间；第二重为建筑本体与专属空间组成的互为感应、互为绕转运动构成的复合空间；第三重为这个体系外包裹着这个体系的广大外围体系，即更大层次的风水格局空间。

中国式的空间结构不同的空间层次之间具有相似性，都是源于《盖天说》形成“天圆地方”的围合空间，即“家、国同构”。

所确定的中国空间形式无论小的空间结构和大的空间结构，其包含的范围都含有实体和周围的专属空间区域，小的空间结构其实体是建筑，大的空间结构的实体是山川。对于小的空间我们认知它是个双重体系，而对于大的空间虽然也存在着同样的双重体系，但我们的感觉和认知它应是一个“已知”空间体系，这个大的空间，多指区域的空间。在中国传统风水格局中，为了强调所标记的区域边界，也就是要进行所谓天人相互感应的范围，在环境周边不明确处常建一些标志物给以明确。所以中国式的“平面”是界定后的方正，稳健的安定平面；中国式的“线”是界定后的线段。这些都是有节制的而不是向四边漫延形成无节制的扩张。这种已知空间的节制性对现代有着极为深远的意义，它不同于西方的观念，将现代人与自然处于一种敌对的或漠不关心的异化关系。而是一种在界定的区域内的一种联合、和顺的自然关系。这正是当前格里芬的“建设性的后现代主义”所追求的重建人与自然、人与人的关系。格里芬的建设性的后现代主义有三大特征：

1.与现代主义视个人与他人、他物的关系为外在的、偶然的和派生的相反，后现代主义强调内在关系，强调个人与他人、他物的关系，是内在的本质的构成性。

2.与二元论的现代、人与自然处于一种敌对的或漠不关心的异化关系不同，后现代人信奉有机论，在世界中如同在家一样。现代统治和占有的欲望在后现代被一种联合的快乐和顺其自然的愿望所代替。

3.后现代主义具有一种新的世界观。他倡导对过去和未来的关心。提倡恢复生活的意义和使人们回到团队当中。

后现代主义倡导了多元的思维风格和对世界的关爱。

已知空间和线段的界定形成了等级的层次，这个层次构成了人的不同活动空间。在每个层内都进行着自我的小循环，同时又与上一个层次或和更上级的层次发生关联。这种中国古人的分层界定的空间形式，对现代生活也有着深远的作用。这种形式如果用在北京就不再是二环、三环、四环、五环、六环……的不断扩张，而将加强周边区县的自我循环系统。加强市区不同区域的内部空间自我循环。这将对北京的发展，缓解交通的拥堵有一定的用处。

建筑的双重体系

作为世界文化三大分区之一的中国，有它的中坚思想，有它最崇高的概念。拂去历史的尘埃去看人类智慧的光芒，我们看到在中国最崇高的概念是互动的两极。两极构架了对宇宙认知的双重体系。以阴阳为纲纪、相互依存，互为消长、不断运动变化，进退屈伸、变态离合，正是阳实阴虚，阳刚阴柔，阳开阴合，阳动阴静矛盾相互作用的双重体系。这个双重体系的根本，体现在中国传统建筑的建筑实体和其专属感应空间上。当然我们也可以进一步用双重体系的观点去分析和对待建筑实体，在建筑实体上也存在着双重体系。

双重体系是自古人对自然的认知。古代人的居住有洞穴就够了，为什么还有房屋。对于人类，与大地为一体的洞穴，只能是单一体系、房屋是第二体系。建筑正如对饥饿的满足那样，所有时代都是人类的一种基本需要，在原始时代更是如此，它是抵抗残酷自然的第一道屏障。对于原始人来说，自然空间的广阔性对他们的生存是一种潜在的威胁，于是洞穴便具有了神圣的意义。它把原始人的生存空间同神秘莫测的自然空间隔开，给人以安全感。但天然洞穴是有限的，于是人们有了对墙的渴望。无论是用岩石或土块垒成的，还是用竹木构筑的墙，同样可以把自己的生存空间保护起来，这是原始人畏惧自然力所做的一种积极反应，是人类建立的一个防护的体系，是一个赖以生存的第二体系。

对人本身也一样，人的肉体有皮肤就能保护，为什么还要衣服。因为人的皮肤必须依附在肉体上，无法做独立的变化，它无法直接面对严寒酷暑，对于人的肉体来讲皮肤是第一体系，衣服就是第二体系。有了衣服人类进入了文明，解决了温暖，而且可以千变万化美化自己的兴起。

双重体系可以说是对事物的一种认识，是对物体一种认识的组合方式，或实际上的构成方式。我们可以在建筑中去认识和构设这种组合方式，形成一个双重体系。在建筑中构设了双重体系就形成了一个在建筑上的对立体——两极。从两个体系的互生、互存、互动、相互变化，阴静阳动来重新构建建筑形体。建筑就形成了一个互生互动的双重体系。

1887年麦克尔逊—莫雷实验确定，没有一种物体的绝对速度能像任何两种物体的相对速度那样明显。物体总是伴有与之平行的东西，任何特定物体的特性经常受到其他特定物体的相似性及其巧妙的影响和调整。两个体系形成了相互的关系，成为互动、互补的一种全新形式。这种形式可以帮助我们进一步解放建筑，消除建筑的表皮对建筑外形体的束缚，同时为当今现代化科技成果在建筑上的应用也提供了更加充分的可行。

一、建筑的双重体系

还没有证据能证实，这样的传说，一个伟大的艺术家，作为一个人能单凭自己特有的灵感而不借鉴早期艺术而创作。

艺术创作手法最初是对自然的临摹，对自然的理解达到了抽象的层次之后，艺术创作按自然及构成与运行的法则，体现在创作艺术形象中。无秩序的自然树林以及草原内，其实就存在"生态"明确秩序。极限对立，其实也是一种平衡，一种秩序。长期以来中国艺术家一直试图在他们的作品中表现出宇宙的和谐，用阴阳对立变化的双重体系来完成和谐的统一的秩序。有些关于宇宙的用语对描述中国艺术家的创作目的十分必要的。这种目的与西方艺术那种自然表象细节的一般目的毫无共用之处。"有史以来，中国便是凭借一种内在的力量来表现有生命的自然，艺术家的目的在于使自己同这种力量融会贯通，然后再将其特征传达给观众。"（艺术的真谛）

庄子说："泰初有无，无有，无名，一之所起。有一而未形，物得以生谓之德。未形者有分，且然无间谓之命。留动而生物，物成生理谓之形。形体保神，各有仪则，谓之性。性修反德，德至同于初，……是谓玄德。"

这里庄子说的是：宇宙最初只是无，它既无有也无名，是“一”的生起的地方。一虽有，却无形，万物得之而后生，以此它也被称作德。这个无形者虽是一，却内含着分；虽内含着分，倒又无间；人们常称之为命。这一切流动起来，有形之物便出现了。有形之物因之是有所秉赋的，其秉赋又奇妙到各不相同，成为它们的性。物修其性，可以回到德，德达到极顶，便又复归到泰初一样。

我觉得这就是说的一个建筑的双重体系，一个建筑开始虽然有却无形，它是我们心中的一个建筑。虽是“一”，却内含着分，将其分为两极——双重体系，虽内含着分，倒又无间，保证双重体系构架一个完整的建筑。这一切流动起来，即是双重体系的各部在按自我规律发展设置，又在互相间发生关联的作用。建筑这个有形之物就形成了。这个有形之物的禀赋就是建筑的个性。建筑的双重体系是在一个建筑内设置“两极”，成为两个变体来相互作用，通过演变形成建筑。在建筑中设置的双重体系可能对建筑自身带来的变化会很大，出现什么结果也在研究中。在建筑中引入了一对矛盾体，就有了相当大的自由度，建筑形象可能是常规的，也可能是非常规的。就像印象派画家，注意力转到了调色板中，他们的调色板上有着十分重要的东西，用音乐术语来说，即全是高音，而没有低音。艺术上色彩的分裂意味着形势和轮廓的分裂，其后果是一种不协调的表面，破坏了画面和轮廓的一切宁静。建筑的双重体系也是在强调建筑的“分裂”和不协调，因此人们对于这样一个建筑双重体系也要宽容。

建筑的双重体系构架的两极产生了运动，是生命体的运动。宗白华先生认为：建筑的特点，一方面不离实用，一方面又为生命之表现。美的终极形态归为一种生命活力。律动、活力是一切生命的源泉，也是一切美的源泉。

建筑的双重体系就是采取不同的手法在一个建筑中形成两个相互作用的矛盾“个体”。改变单一的模式，从而使建筑具有活力。用双重体系的思想去进行设计创作，首先要考虑的就是选择和形成一个建筑里的矛盾体。抓住了这个矛盾体再加以夸张运作，最后构成了建筑的基本形式。

当然建筑的双重体系的含义及存在的价值还不能和中国建筑的双重体系即“人”的体系和“天”的体系相比，这里的双重体系，全部是“人”的体系，是建筑基本体中存在的双重体系，与中国建筑的双重体系相比是下一个层次的。

二、双重体系的组合形式

两个体系的构成，多为表现两者的依附交流、冲突和两者动作的不同状态。强调的是两者之间的互动。用双重体系的方式去形成和组织建筑将会出现一些全新的建筑模式。现在要想讲清楚建筑双重体系的组合形式实在是不可能。因为缺少了实际工程实践的支承，建筑双重体系的思想就缺少了“物”证，现在只能根据近年的工程分析说明。建筑的双重体系早期只是个感觉，其思想逐渐的形成，因此伴随的工程实践也是在探讨摸索之中。

两个体块并列的双重体系

建筑双重体系的组合可以有多种形式。其形式今天应考虑到设计市场和观众的接受可能。更重要的是现代人类生活需要的可能。它形成的建筑形式可能是一种超出传统形态的全新形式。要考虑到传统艺术有一批传统的观众。另外建筑在使用上也还存在一定程度的基本需求的类似。建筑双重体系也不能偏离当今的社会独立存在。

建筑双重体系在几年来实践的工程得到了肯定。

例：天津保税区标志参加国内评奖时就出现了争议，有常规思想的人认为它不是一个建筑，不能参加评定。差不多同时法国膜材料商的经理提出了协助申报该项目国际奖，天津保税区标志获得1999年国际工业膜协会的优秀轻型结构奖（美国），并刊登在协会的刊物上。

例：洛阳公安通讯信息指挥中心从方案参与招标开始一直在激烈的争议之中，后因国内最具权威的专家参与才得以认定。工程历时5年，于2003年建成后在建筑网站上引起了历时4个月的争议。这个争议倒吸引来了参观的人流，周围的餐厅、旅店跟着红火了起来。

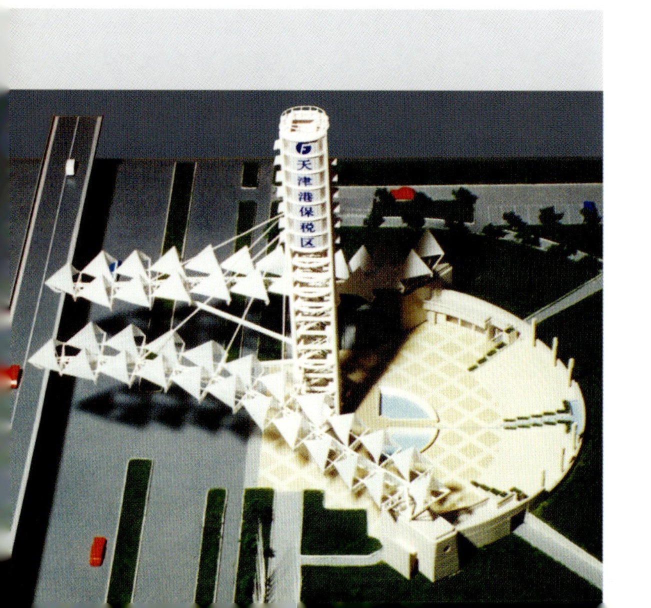

建筑的双重体系作为初期大部分的实践工程都得到了基本的肯定。现按双重体系的工程实践进行分析。

1.并列与对峙

建筑不能分割为两部分，可建筑有时需要分割，同是维持统一。有的进行左右分割，有的进行上下分割，这些分割来源于对功能的组织，这些分割对建筑提供了极有力的形体语言，这里的分割不是分裂。

• 本来是一个建筑在设计中非要按两个独立体来划分，这两个独立体还要给他制造矛盾使之形成两极。这两个独立体可以前后并列，也可以上下放置。

• 本来有一个建筑现在要扩充一个，这两个也不必按统一风格去做，也要形成矛盾的两极。

• 一个建筑本来有一个结构体系就可以完成，现在非要做成两个结构体系，形成矛盾对立。

在一个建筑中形成两个对立的体块或结构体系，这两个体系在体型、色彩、构成结构的形式上，单个体块形象的繁简上，轻重上可以形成多种变化，最后又构成一个完全的统一体。两个体系对峙，表现出相互的张力，形成了建筑的活力。

两个体块可形成体量大小不同，为正体和副体。正体高动势要小；副体小动势要大；正、副体可设计调整为不同的明度，形成一主一副，一唱一和的互动体系。结构型式两个体块可以选用不同的组合。

主体形象由一个以上合并而成的建筑，属于复合主体。从建筑形式上有两个体，但从紧密性上又是一个体。主体与副体联结紧密形成扩大的主体，这就是一种建筑的双重体系。

2003年竣工的中国人民银行金融电子化公司软件开发基地可视为一个应用两个体块并列的形式，形成双重体系的项目。在改造中没采取常用的进一步扩大原体块的方式，而是在原较大的体块东侧附加了一个并列的附加体，形成体量上的一主一从亲和关系。在结构方面为区别于主体，附加体未采用钢筋混凝土结构，而是采用了管式钢结构的全玻璃壳体；在色彩上也区别主体的砖红色，附加体采用了明亮的白色。原建筑和附加体建筑形成对立的完美结合。

1997年竣工的天津保税区标志应用了双重结构体系。为夸张表现标志的时代特征，采用单一的结构体系不可能形成强大的冲击力。标志的形象特征应当是轻盈而又有力度，像海燕飞向大海。形成这一形象，首先就排除了混凝土结构的使用。单独使用钢结构有力但形不成飞翔力。故采用钢结构和索膜张拉结构组合的双重结构体系。管式钢结构是线型的组合，具有方向性的运动感。索膜张拉结构表现轻盈的飞翔力。

在标志应用的双重体结构体系的组合中，形成线型组合的“繁”和面型组合的“简”的艺术对比。

2002年设计的天津保税区商贸服务区其北侧的主体建筑一个是天津进出口商品交易中心，另一个是环绕保税区标志而建的天津国际精品直销中心。在设计中采用了对峙的双重体系。出口商品交易中心和天津国际精品直销中心按中国的太极的布置为“阴阳鱼”的形式。环状的国际精品直销中心和弧形板块状的进口商品交易中心成为一阴一阳的两极。中间形成弧形空间曲线，空间将它们分割与联系。这一组对峙的建筑形成一虚一实、一轻一重、一大一小和体块与线型的强烈对比。

天津保税区商贸服务区

美国费城歌剧院

2003年2月竣工的天津空港物流办公用房，是一个临时性的建筑，从设计到竣工共用了三个月。为快速建成同时又具备现代建筑的鲜明个性，在设计中采用两种材料的构成体系。一个是轻钢骨架作为结构体系，一个是由一种清水混凝土表面效果的3E板（预制板）为围护体系、在设计中突出这两个材料的个性，巧妙地运用了这两种材料的个性相组合。利用它们各自不同的禀赋，使其穿插流动，形成有鲜明个性的建筑。

2.覆盖与围护

一个建筑已经完整了，现在又要加一个体系，将它全部覆盖，这就是双重体系。美国费城的大剧院，一个玻璃顶覆盖了两个剧场。北京的大剧院，一个玻璃顶要覆盖三个。这种覆盖，里面的剧院可以很简洁，外面覆盖的玻璃体是第二体系，可以有不同的表现。内部也增加了一个人工环境空间。关于覆盖这里只是举个例子，实际上远不止于此，被覆盖的内容有各种不同，覆盖的材料、形状、构成结构千变万化，覆盖的意义也要深远得多。

天津保税区过街天桥

建筑的外围总要有围护体，不管是采用什么材料，其围护体一般总是和建筑紧密地结合为一体的。围护和建筑密不可分，现在要将它分开，形成第二体系。围护本来是长在建筑上的，就像人的皮肤只能随基本体（肉体）变化。今天我们将其另建一个体系，就像人的衣服一样，让它脱离基本体，扭曲、夸张变形就都可以了。这样围护就需要设立另一个支架体系。这个支架体系又有它的自身形象，也可以将它突出外露。在一个建筑上可以全部做围护的第二体系，也可以局部做。如果是局部做围护的第二体系，就会看到其主体的外露结构体，又可以看到附加体的支架结构，这两个体系的对比变化，可以形成有生命活力的建筑形象。

2000年建成的天津保税区过街天桥是一个很小的基本体自由围护的例子，将一般的过街天桥加上了一个自由围护体，梭型管架体系。梭形体极为夸张，从侧面看就像有生命的生命体，为其周围带来活力。

1997年底，结合工程为高层建筑的基本体构思了一套围护体，他们是生命的连续动作。主题分别为生长、波动、扭转、裂变。“生长”用在洛阳公安通讯信息指挥中心，已于2003年竣工。

“波动”用在燕港大厦，还在方案中。

2002年10月竣工的中国国际进出口总公司国图文化大厦是一个在基本体外局部做自由围护的例子。在原建筑的主要面增设一个附加体，附加体全部采用钢结构与旧建筑脱离，有较大的自由度。并用附加体的形象来调整建筑物的外观。这样用主体和围护的附加体的方式处理了原建筑和新建的关系，增加了现代实用功能，形成了建筑立面的时尚形象。

3.贯穿与插入

一个完整的建筑由于它的完整，可能会引不起你的激情，这是因为缺少了对立，缺少了刺激，过于平和。一个建筑，由于使用的要求，需在建筑中增加点什么，或改变其中的一部分。这时可以做一个贯穿体或插入体。一个型体穿过另一个型体，或插入一个型体，这就构成了双重体系。双重体系中有一个是主体成为基本体，另一个做贯穿或插入的动作，引起的冲击，可形成建筑的活力。有时贯穿体可能是戏剧性的。

双重体系的贯穿或插入的型式，一般强调和夸张的是贯穿和插入体。由于其体量小，容易控制，易于建造。

双重体系的贯穿和插入，可以由“重”的体块穿过“轻”的体块，也可以“轻”的穿“重”的。穿插的可以是各种型体；色彩也可作较大的对比。

用插入体的做法2003年完成了天津保税区海关卡口，在海关卡口的钢结构形象中贯穿了一对自由曲面的钢筋混凝土插入体。插入体激化了卡口的形象矛盾，带来了具有雕塑的活力。

2003年5月竣工的天津开发区TEDA天桥在设计中也应用了贯穿体。天桥包括两个部分，一部分是桥的载体，桥体采用空间连续桁架体系，断面为三角形，形成一个有力的线型构成。另一部分是桥的附着体，包括桥内的人行道、电梯和顶部遮阳构件。它们担负着实际功能职责，与人紧密接触，满足人的使用要求。它应是舒适亲切的，与桥身结构线型体的力度与动感形成对比，同时又与结构线型体交叉互动，组成桥的整体形象。人行通道与桥空间立体形成贯穿动态，组成双重体系的贯穿体。

2003年12月竣工的河北省电影公司金棕榈电影广场，将放映室置于观众门入口的上部。并将其个性化处理。用钢架将放映室架空，使其连续做为通透的玻璃体，使放映员的活动和放映机器的转动全部暴露，并将钢架成明黄色，使放映室形成通透的连续贯穿体。这一贯穿体成为整个金棕榈电影广场的亮点。

国图文化大厦

贯穿体的双重体系

海关卡口

贯穿体的双重体系

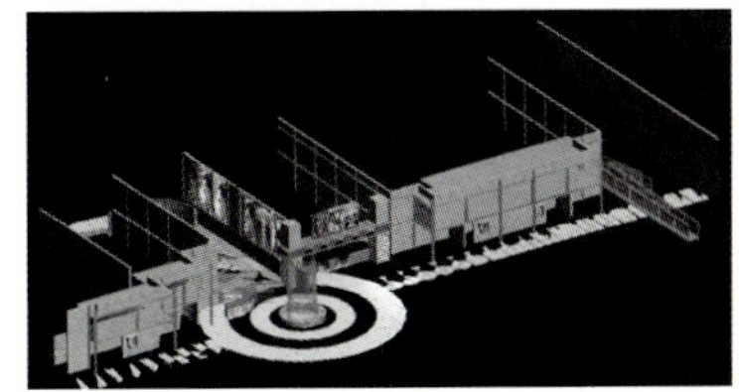

4.传统与现代

建筑的双重体系对建筑的处理是强调矛盾而又是相当宽容的，它允许在一个或一组建筑中同时存在冲突。坚持传统的和背叛传统的型式存在，是一种不调和的新折衷主义。

在保持传统建筑领域中，首先是保护好老建筑，使之原汁原味。同时用插入体表现现代的形象，以明确区分建筑的年龄和“身份”，以便更好的保护传统建筑。

对继承传统建筑表现形式领域中，整个建筑主调应是对传统建筑形式的继承，这是一个主体，附加体可能是一个片段。附加体就应是极现代的形体。建筑的双重体系对传统和现代采取的是继承与背叛共存的调和形式。

5.实体与虚拟

在静态建筑的空间体系里表现运动感和具有跳动脉搏的生命感，先决条件全在于静态建筑空间体系的造型中，建立另一个有运动感的“基因”来刺激视觉。这就是建筑的第二体系，第二个体系并未真的存在。

建筑凝结着时间和空间中的形象，这里要产生的，是无运动的动感。静态空间通过视觉产生动态。罗丹说：“所谓运动，是从这一姿态到另一姿态的转变。”运动的表征是时间的过程和物体不断变易位置。建筑空间型体的构成，表现有发生、发展、波动、扭曲、开裂、也包括静止的结果。在静态的空间体系中，放射线、游动线、波浪线和弧构成的形体都可以产生运动感。生活经验告诉我们，锐角器物属于冲进的形象，冲进性型体具有一条“力学主轴”。建筑的实体与虚拟就可以利用这种规律，创造具有动静感觉的双重体系建筑。

创造实体中的虚拟空间感可以利用人的另一种视觉产生。现代艺术有些流派并不主张摹写现实，但不反对通过具体形象反映艺术家的情愫，并试图将某些情绪形象化。例如表现派即以分解、歪曲或异化的特殊造型，以及整个气氛对视觉产生刺激，产生各种情绪。

在艺术上还有一个手法是引向。你不曾感觉到自己有“个人空间”吗？生活难免磨掉人的敏锐性，经常挤车、排队、逛市场，也许令人失去自己有个人空间的感觉。当有人气势汹汹的说话唾沫飞溅在你的脸上，你才感到侵犯了你的个人空间。建筑师可以利用这一点，使正常空间序列的物体出现变异体，扩大逼近你的个人空间，刺激你的视觉，吸引你的好奇心，诱发你对兴奋点的兴趣。用艺术上“引向”的手法设计了家具，用的材料是玻璃和钢管，使用这两种材料组合进行的家具设计有很多，这里所不同的是利用“引向”的手法形成了一个第二体系。按钢管材料的性能家具腿只需要使用直径细的钢管就可以了。为了强调家具的机械工业加工的现代感，加入了大直径的粗钢管，两种粗细的钢管组合，粗钢管起到引向的作用，在正常的空间序列中出现变异，扩大逼近视觉。在粗管表面又增加穿孔，近一步激发兴奋点。

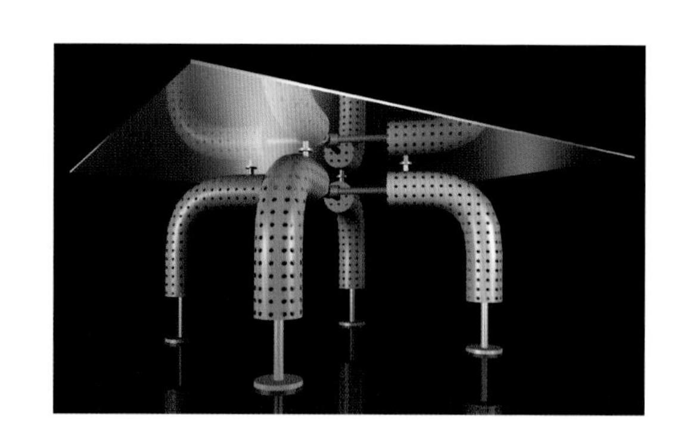

引向在绘画当中的运用

引向在建筑当中的运用

引向在家具当中的运用

建筑第二虚拟的体系也可以利用气雾、影像或其他手段形成。

建筑设计规律是有法则的，探索就是去突破旧法，艺术贵在创新。建筑双重体系其法则，就是在建筑体中引入一对矛盾体，使其互动互生，没有矛盾就不是建筑双重体系。

经济的发展已经允许建筑在完成必须后，进一步延伸它们所拥有的“性能”，就好像植物浇水后就会进一步生长出茎以及叶子一样。建筑的双重体系强调的是建筑的个性，常用一些夸张的手法。这是一种风格，这种建筑应当反映建筑的真实功能和新的时代特性，不应是一种形象上的欺骗。

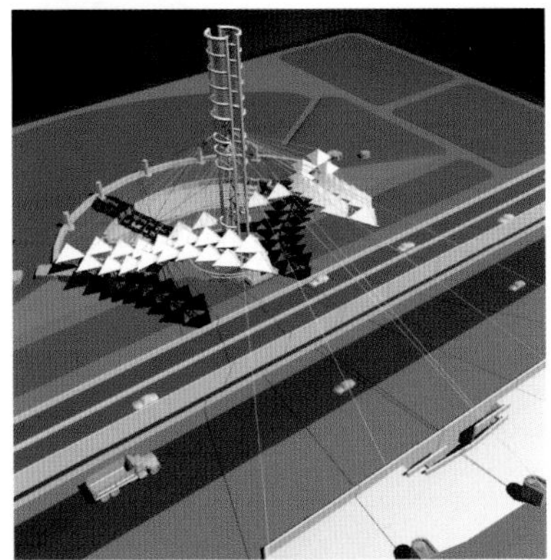

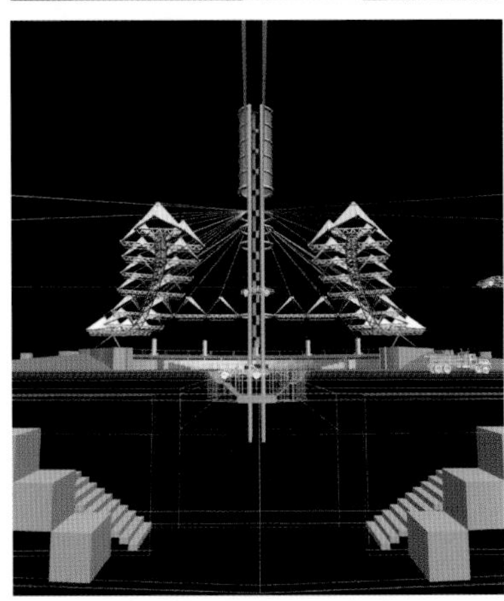

天津保税区标志

- 天津保税区标志
- 1997 年 5 月建成
- 1998 年获国际奖为：
  国际工业膜协会（美国）优秀轻型结构奖
- 2000 年刊登在美国
  INDUSTRIAL.FABRIC.PROD
  UCTS《REVIEW》February.2000
- 天津保税区标志设计刊登于
  1997 年 10 月《建筑学报》
  1998 年 5 月《世界建筑》
  第一期《今日设计》

"建筑的真正意义在于它们是时代的象征。"我国虽然因历史原因，建筑现代化进程还未完成，与发达国家还有很大的差距，但由于全球化经济的影响，我们也受到信息时代大潮的冲击，作为建筑师有责任创造属于我们自己时代的建筑作品。

天津港保税区是我国改革开放后建设的现代化的具有中国特色的自由贸易区。它代表着开放和进取的精神。为了昭示这一精神，展现时代风貌，保税区决定在其入口处、京津塘高速公路旁建立一标志物，标志所在场地开阔。标志要满足人们快速行驶在京津高速公路上的动态观赏要求，形象明确醒目。标志的区域为待开发的商业活动区，标志也应该与区域活动结合，并保证标志的近观效果。

在我国大多数人的观念中，标志物不属于建筑的范畴，大部分已建成的标志物，多是具象的或抽象的雕塑。而世界上许多著名的城市标志物是以"构筑物"的形式存在，由建筑师设计。它们以其具有力量感的结构形式，巨大的尺度和抽象的精神含义，成为一个城市的象征。我在构思设计时，也决定运用结构和材料自身的表现力，表达时代精神，表达保税区的活力和未来，并储蓄地体现中国的传统文化。

天津保税区标志
天津保税區

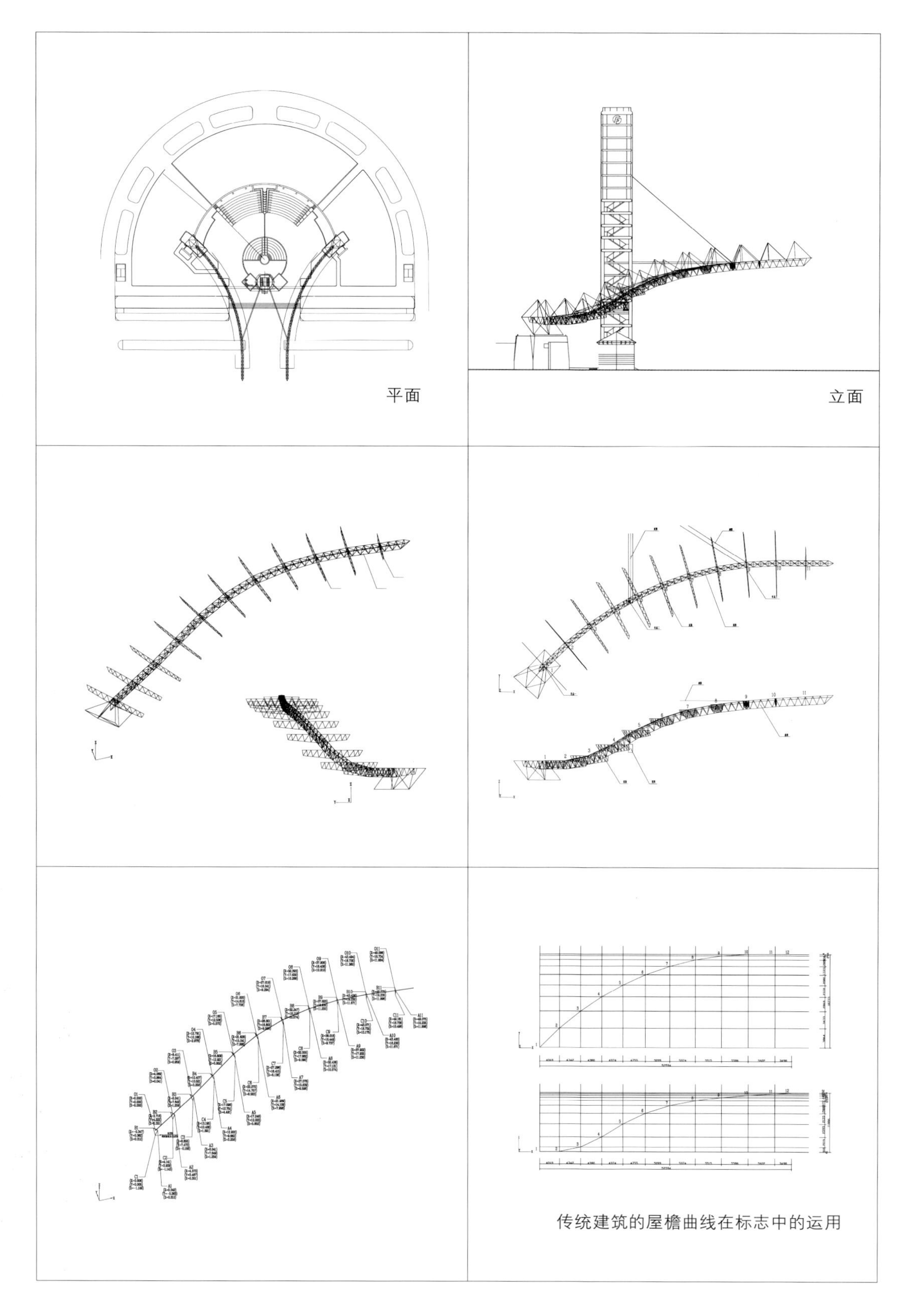

传统建筑的屋檐曲线在标志中的运用

一、设计中采用双重结构体系

为夸张表现标志的时代特征，体现位于沿海环境的特点，采用单一的结构体系不可能形成强大的冲击力。标志的形象特征应当是轻盈的但又有力度。像海燕冲向大海。形成这一形象，钢筋混凝土结构是不可能胜任的。单独用钢结构，有力量但形不成飞翔的升空力。故采用钢结构和索膜张拉结构组合的双重结构体系。

钢结构为钢管桁架组合体系，从艺术形态上是线性组合。线性组合具有方向性的运动感，在标志的金属结构中，设计了一个冲向上的立柱，形成向上的线性组合；同时还设计了对称的弧线形三维空间管桁架体系，形成横向冲浪型动作，也是线型组合。钢结构表达了有力度、有方向性的形体语言，成为标志的主体。横向弯曲钢架具有传统的文化喻意。

索膜张拉结构表现的是轻盈的飞翔力。形成力的感觉需要一定的量。有一定的数量并沿着一定的轨迹才能形成飞翔的运动力。这就需要一定数量的群体做重复的连续不断的一个动作。所以我采用了44个索膜张拉尖锥状结构体，形成44个“海燕”，从形象上具备了飞翔的上升力。每个膜尖锥体中间顶杆尖与下边三角形底角边拉钢索，形成完整的索膜张拉结构体。尖锥的三角形边长为6m，经张拉受力后膜材形成优美的曲面，构成了海燕的双翼。在标志中运用的钢结构和索膜张拉结构的双重体系做到了完美的结合，形成了线型组合的“繁”与面型组合的“简”的艺术对比。

天 津 保 税 区 标 志

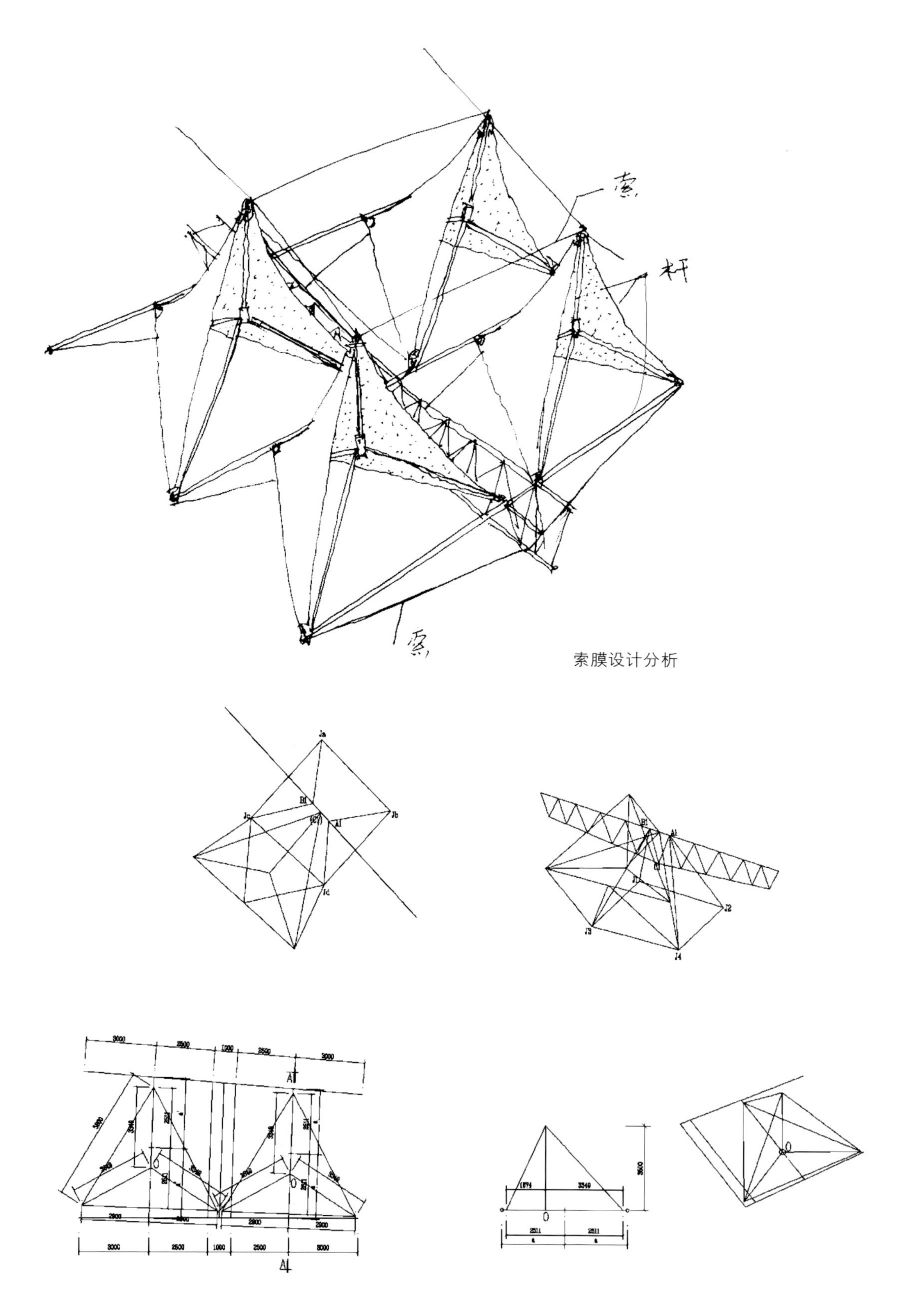

索膜设计分析

二、设计特点

1.运用新结构、新材料

张力结构是近几十年来发展起来的先进的结构体系。它的特点是用自然力建立结构的轮廓并和建筑的形式取得和谐。张拉结构有几种不同的类型。在这个方案中我使用的是轻质篷式张拉结构中的索网体系，即用钢结构骨架，上面张拉半透明的纤维膜。在这里结构已不是一种平面格网化的约束体系，新的技术给予它更大的灵活性，具有三维空间的可塑性，并且由于其轻盈可动，更具有四维时间上的表现力。结构直接成为“美”。

2.全新美学效果

每一个时代都有其相应的美学观点。“技术美”是我们这个科学飞速发展的时代最具代表性的美学观点。但信息时代的“技术美”已不同于机械工业时代所代表的沉重、粗糙和庞大的尺度。新的技术美和新的技术形式相对应是透明的、动态的、精密的和闪光的。在这个项目中，新的、轻巧的结构和材料，赋予建筑诗意和表现力，钢的结构骨架表达了力与平衡的美，半透明的轻质张拉膜表达了轻盈的美，精巧的钢结点构造细部表达了精密的美。它不但符合保税区的整体风貌，更保证了人由远至近动态的观赏效果。

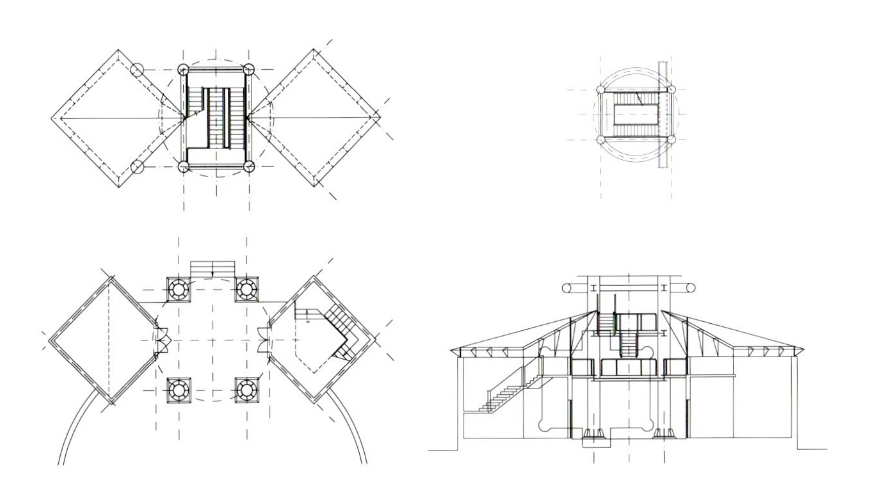

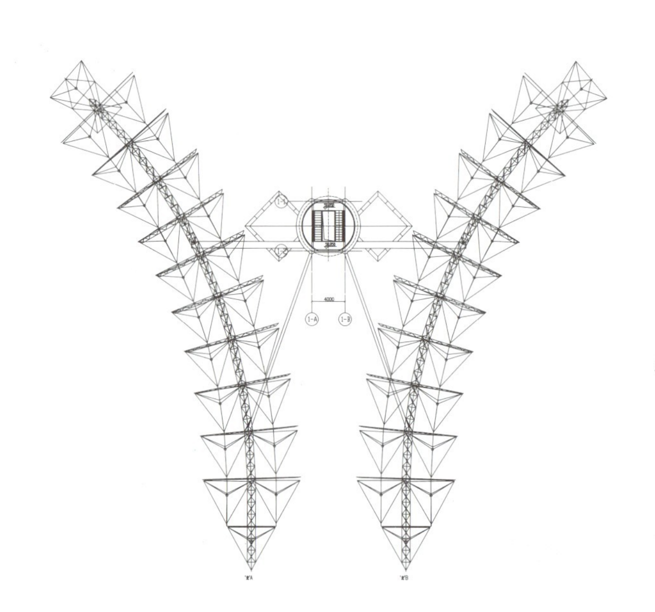

半透明的轻质张拉膜表达了轻盈的美

3.采用先进设计、制作方法

从方案设计到实施都体现了先进的设计方法和制造方法。由于采用了新的结构形式，传统的平立面已无法清晰地表达设计、计算机辅助的三维设计在设计中发挥了巨大的作用。而在施工图设计及施工中，更要运用工业化社会分工协作和装配式协作。建筑师、工程师及厂家在整个过程中由建筑师总协调进行充分协作，这种先进的工作方式，在建筑行业技术含量逐渐增长的未来，将发挥它的优势。

4.贴近民众

在这个方案中，标志物不再代表着威严和权威。新的美学形式提供了亲切和浪漫的气质，其生动而又抽象的形式留给人们丰富的想象天地，其形象可比作渤海湾翻腾的波浪；蓝天中飘动的白云；成队回归的飞鸟；一只白色的大蝴蝶，也可以说它是一对腾空的白龙。标志物周围的广场也为民众活动提供了场地。

5.同传统文化结合

用现代的材料和技术，与我们传统的文化结合，形成一种新的建筑形象。天津港保税区标志的形象构思来源于中国民间传统的风筝，其构成围合抱的太级状，回旋向太空，使标志与占地自然融为一体。

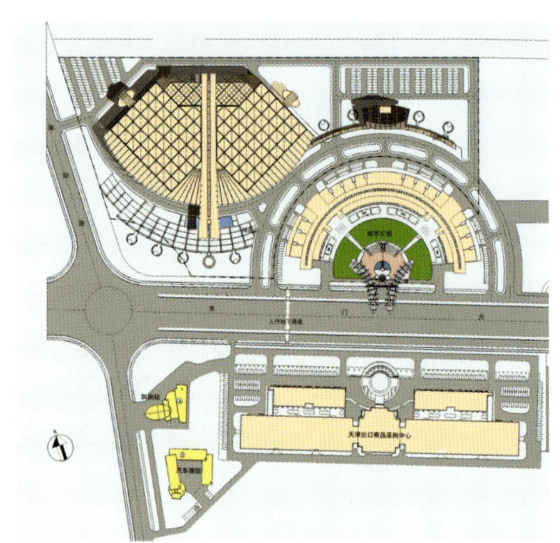

天津保税区商贸服务区

为促进保税区生产资料及生活资料市场的发展，尽快地使保税区成为国际贸易大进大出的绿色通道，保税区决定在京门大道保税区入口处兴建商贸服务区。

商贸服务区有以下三个项目：

1.在京门大道北侧天津进口商品交易中心5万m^2；2.国际精品直销中心1.2万m^2；3.京门大道南侧建天津出口商品采购中心2万m^2。总计建筑面积8.2万m^2。

天津保税区商贸服务区主要是商品展示批发交易专业性市场，其兴建将对天津、华北、乃至中国北部起重要作用。本设计将三个项目统一考虑，使其使用功能上成为互补，在专业展出的同时使其具备多种使用的可能性，以发挥更大的作用。天津保税区商贸服务区的西向为京津的城市方向，东向为保税区。这一位置便于组织来自内、外的人流和车流，有利于大型展示商业会场大量人流的疏散。位于京门大道北的精品直销中心是室内商业厅串联精品店的形式，进口商品交易中心是大型会展形式。这两组建筑功能互补，其组织形式形成统一完整的建筑群。位于京门大道南侧的出口商品采购中心，是室外商业街组合建筑群的形式。在京门大道上有过街天桥——梭形桥和空中通道连结，使南北成一个整体，共同组成保税区的商贸服务区。

商贸服务区建筑群以标志为中心，以进口、出口商品交易中心和精品直销中心为群体，用统一的布局，统一的风格形成有体量、有面积、有型、有气的“大势”手法的建筑群。

进口商品和国际精品直销中心按中国传统的太极布置为“阴阳鱼”型式。国际精品直销中心和进口商品交易中心成为一阴一阳两极。由弧型空间将其分割和联系。这一组建筑成为对峙的两个互补、曲线形体。从一虚一实、一重一轻、一大一小和体块到线型都形成强烈的对比。进口商品交易中心屋顶处理和国际精品直销中心又形成“繁”与“简”的大对比。

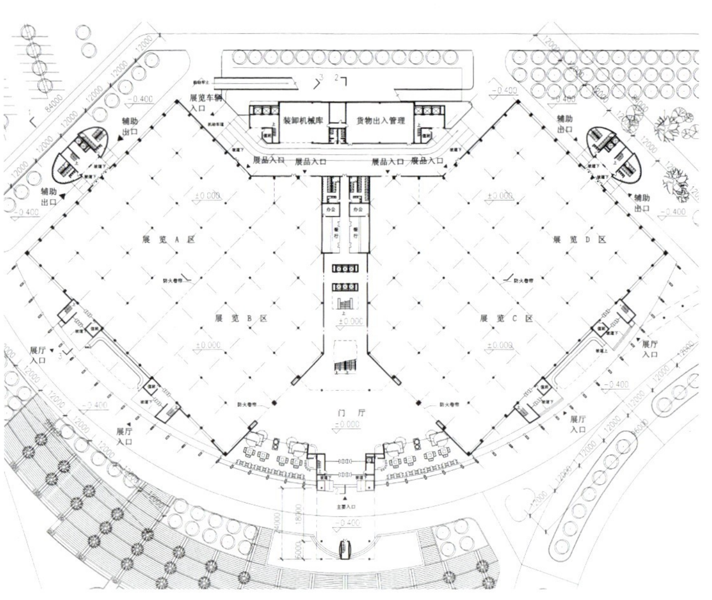
装卸机械库
货物出入管理
展品入口
辅助出口
展览A区
展览B区
展览C区
展览D区
展厅入口
门厅

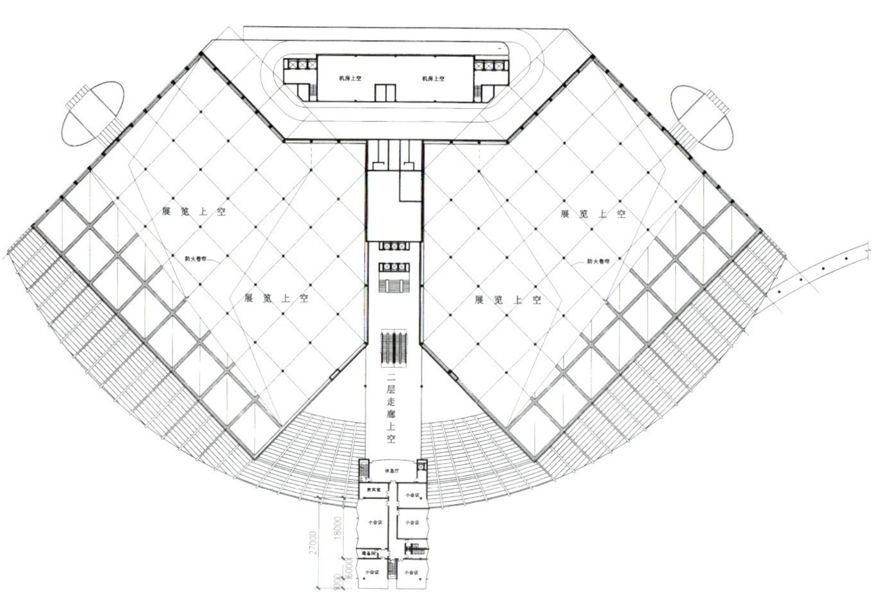
机房上空
展览上空
二层走廊上空

天津市进口商品交易中心

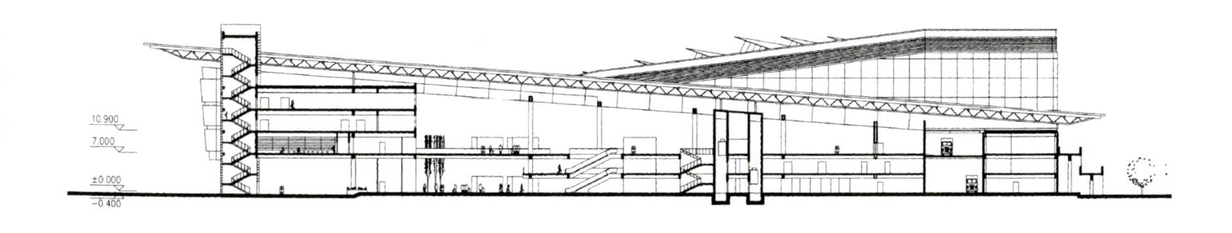

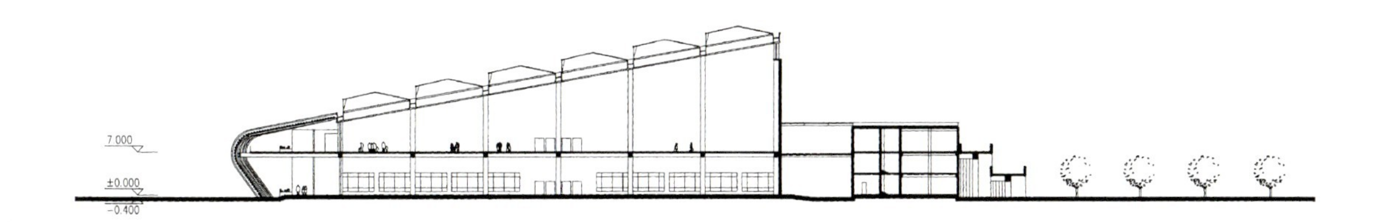

天津进口商品交易中心主题形象喻意也可视为大鹏展翅，其两侧展厅形为伸开的两翅，中间部分即为鹏身。展厅屋顶做了大倾斜，向人们展开了本建筑的第五立面。屋顶为联片的锥形通风采光组合锥体，金属复合板和电动开启的玻璃窗组合而成，起到为展厅内部空间均匀采光和组织通风气流的作用。其连续展开的尖锥顶的布置形式也探讨了建筑外专属空间的构成，其屋顶尖锥和标志上的索膜尖锥结构为同一种几何型式，形成了一个共同的“基因”。天津进口商品交易中心将入口管理与公共交通组织形成一个带形体。带形体按南北向整个贯穿本建筑，形成块状主体与带型建筑相贯穿。本建筑主体轮廓线采用弧形线，弧形线和人们熟悉的抛物线同样给人飞驰的感觉。波浪的曲线有上下浮动感。曲线美既有定向还有变化，以此显示生命力。同样，斜边、带形体也是带有动感的，属于冲进性的形象，可以形成一条“力学主轴”，表现了物体的运动速度。

天津出口商品采购中心

• 2002 年 5 月建成

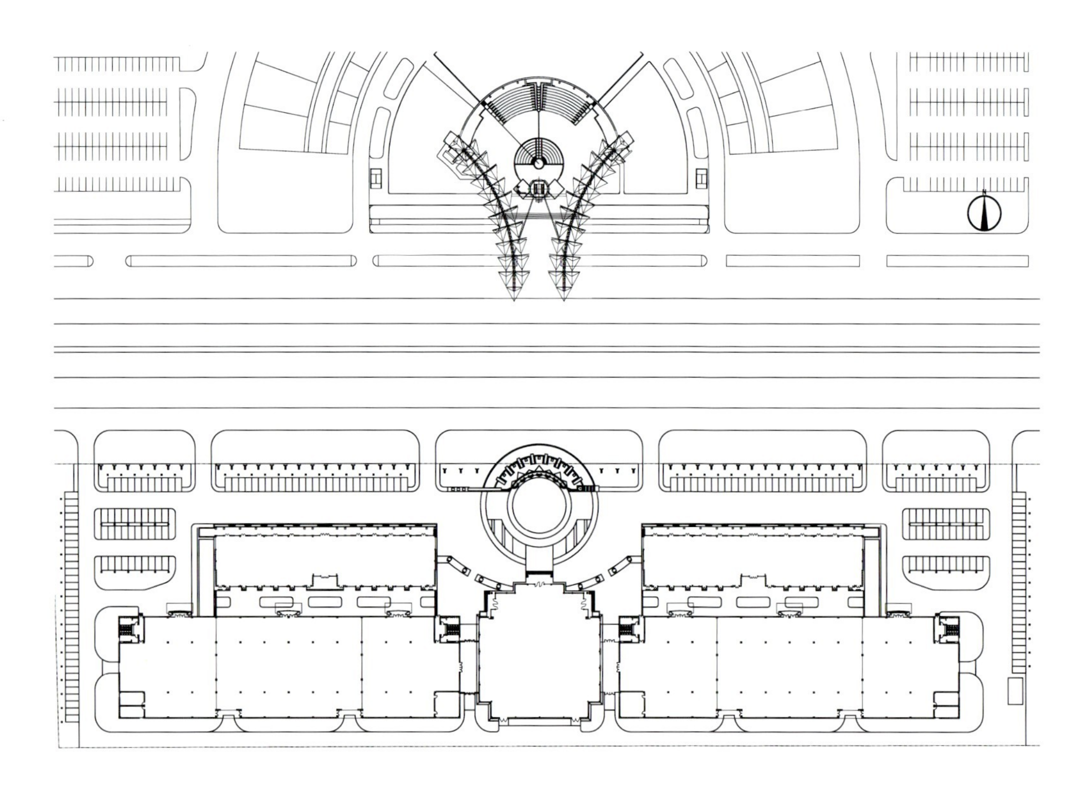

位于京门大道南的天津出口商品采购中心面对标志。其地段长 300m，宽 50m 的带形。平面布局为室外商业街形式。建筑面积 2 万 m^2，建筑高度 9m。

天津出口商品采购中心设有东西向的室外商业街，自然将建筑划分为南北两部分，形成四个商业展示厅，中心轴线处为主展厅。北侧的两个厅为二层，钢结构、外立面轻盈、通透，突出钢管和玻璃的组合造型。南侧的两个厅为一层大空间展示厅，钢筋混凝土结构金属拱顶，外立面采用清水颜色混凝土砌块。南北两侧形成体量性格完全不同的轻重对比。位于中心轴线上的主展厅为和标志对话，形体做较多变化，并加设环形柱廊与南北两组展厅联为一体。

天 津 出 口 商 品 采 购 中 心

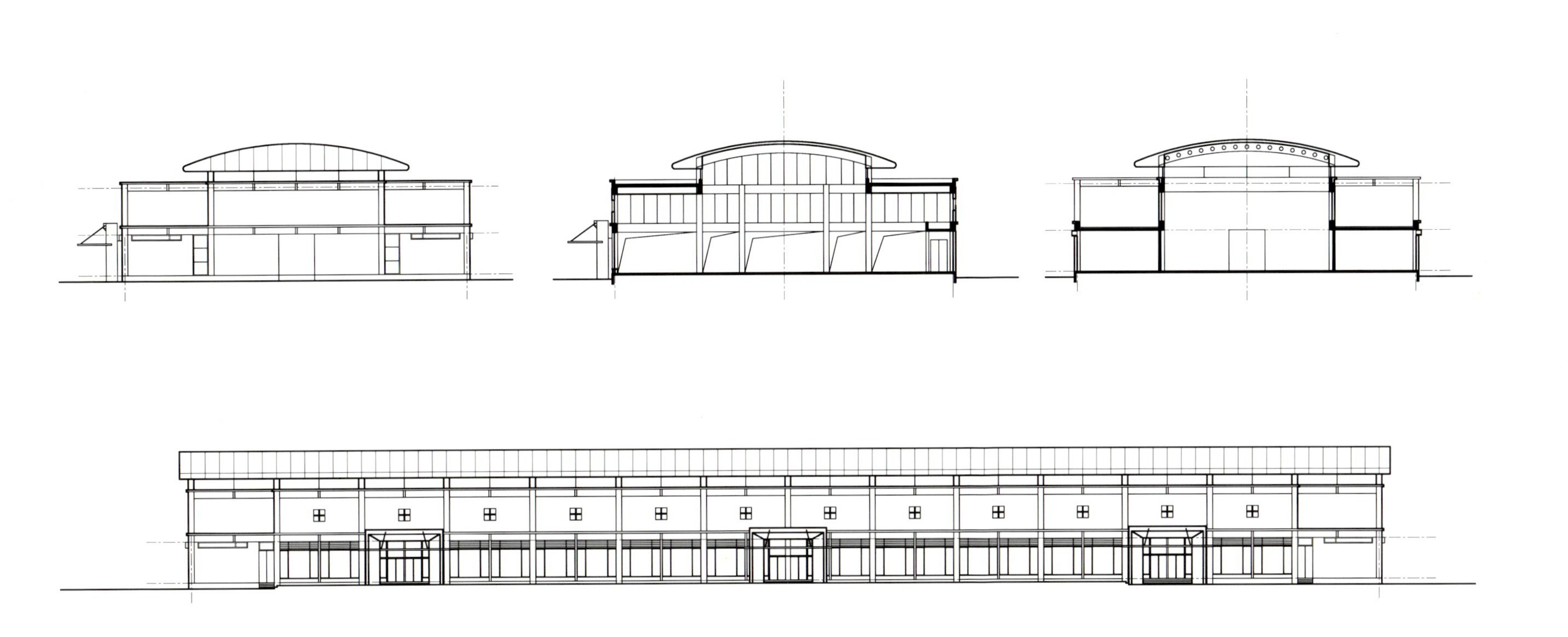

天津出口商品采购中心

2002
中国·天津
国际连锁集团
全球采购
交易会
天津出口商品采购中心
makro
新

天津保税区过街天桥

梭型桥

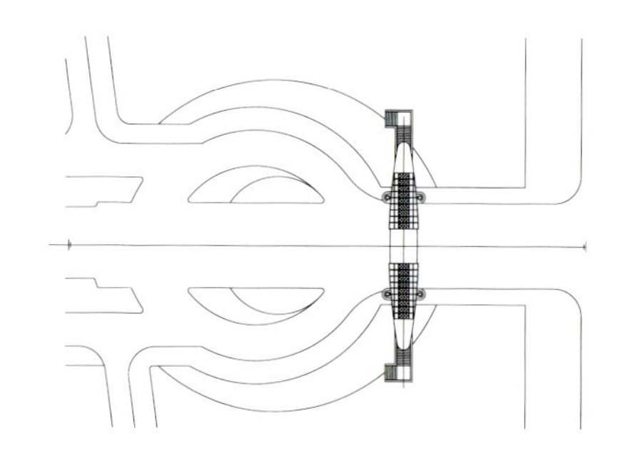

• 标志门（梭型桥）于2000年建成。
• 标志门（梭型桥）2001年获北京市优秀设计二等奖
• 标志门（梭型桥）2001年获建设部优秀设计三等奖
• 标志门（梭型桥）刊登于2001年10月《建筑学报》

天津保税区梭型桥是保税区商贸服务区（门区）标志门，其使用功能为过街人行天桥，跨越京津塘高速公路的沿线。下部车道为双向6车道。标志门下净高7m。标志门中间设有电视屏，下部设有管理室，结构为钢结构，造型喻意为现代航天器的对接，体现现代风格并与已建保税区标志相呼应，标志门的造型为优美的流线形，上部设有遮阳井字格架，两侧上部设钢化玻璃，下部设横向管条与圆弧主体管状结构共同完成流线体。

标志门的主要支柱为4个尖锥塔，夜间为发光体。作为极普通的人行过街天桥，要做出个性化风格，使形象上出现变异，在设计中将过街天桥自身作为一个基本载体，它和其他过街天桥没什么区别，现在又加入一个附加围护体，其功能使用的依据是：为安全，桥面上的人与桥下高速公路需要近一步隔离；桥顶要遮雨遮阳。为此做了另一个附加体，成为天桥的围护体。围护体是钢管型梭形体，梭形体极为夸张，类似外星宇航器的对接体，从侧面看就像有生命的生物体。为了表现梭型体的升空效果，将中间结构支撑立柱提高做成尖锥状。这个生命体为天津保税区过街天桥带来了活力。

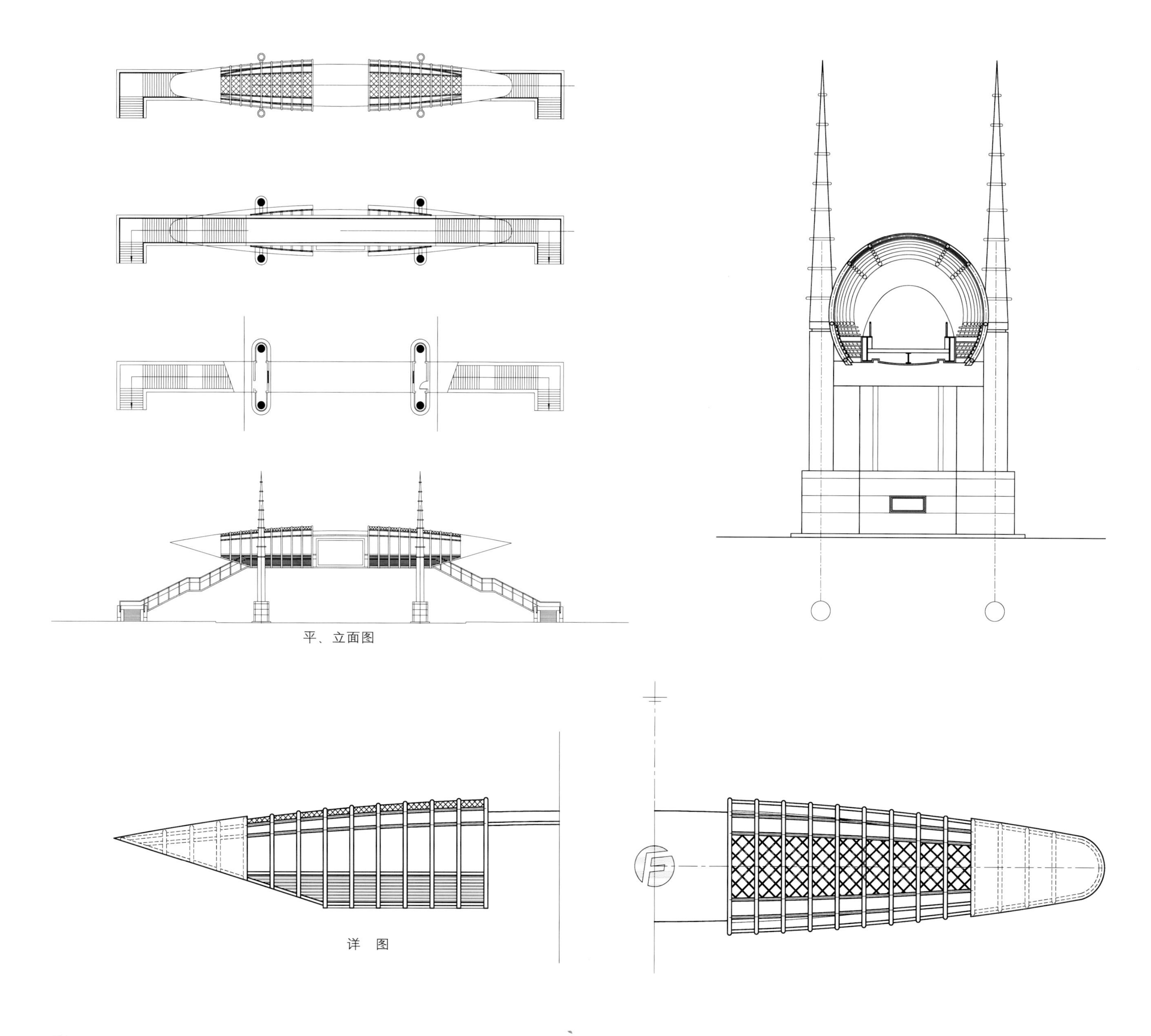

平、立面图

详 图

天津保税区海关卡口

南卡口

- 天津保税区卡口建成于 2000 年
- 天津保税区卡口2001年获北京市优秀设计二等奖
- 天津保税区卡口2001年获建设部优秀设计三等奖
- 天津保税区卡口刊登于 2001 年 10 月《建筑学报》

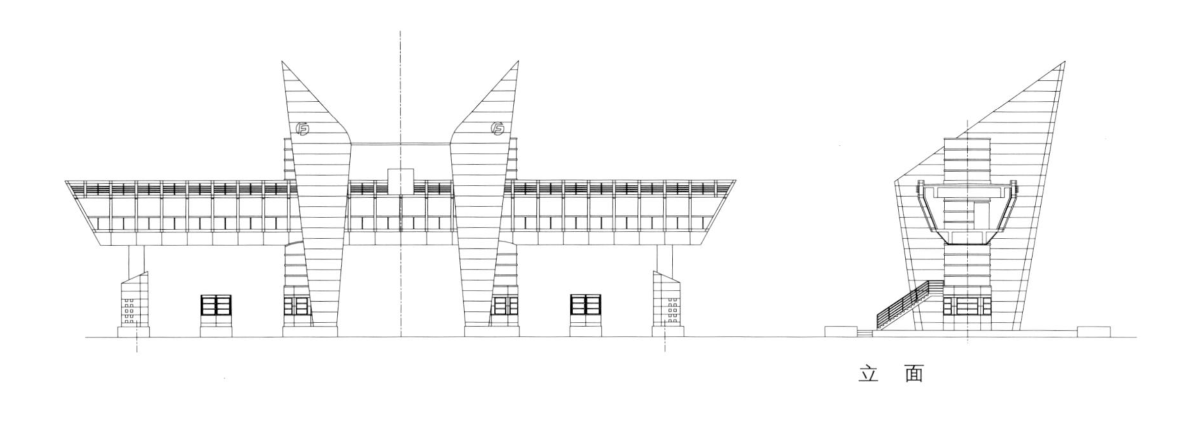

立　面

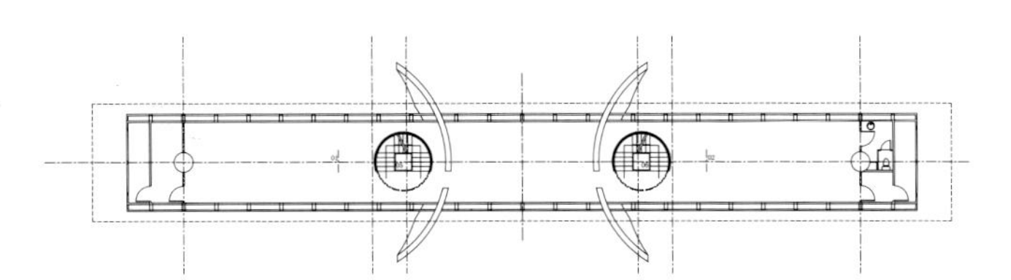

二层平面

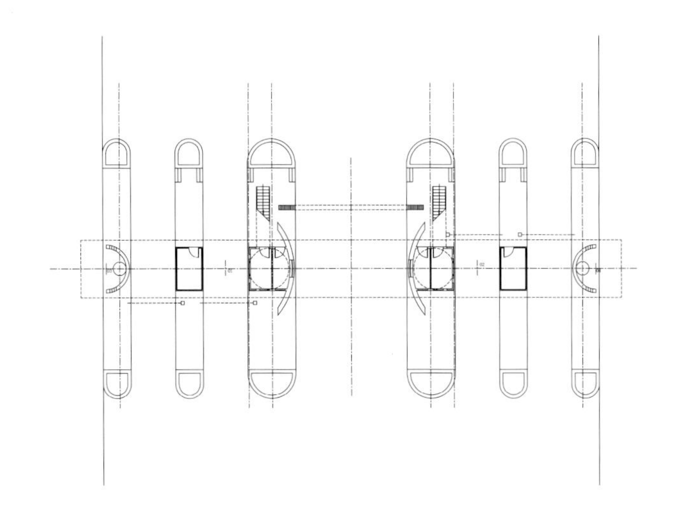

地面层平面

海关南卡口是保税区的南大门，建筑地段在原南卡口位置向东和南偏移，卡口周围环境空旷，南卡口建筑体量虽小，但是联通保税区内外的主要入口，并应具有保税区海关的形象。卡口长44.5m，双向6车道，其中两侧双向 4 车道为货物车辆通行检验卡口及公安卡口，卡口上部为海关管理办公用房，对卡口进行计算机联网控制管理。本建筑主体采用钢结构，二层全部为通透的玻璃围护，以利直接观察进出车辆和货物，用悬出玻璃围护外的不锈钢骨架解决眩光。卡口中间两扇弧形的混凝土墙加大了卡口形象力度，以开放的形象迎送着海内外的客商。

天 津 保 税 区 海 关 卡 口

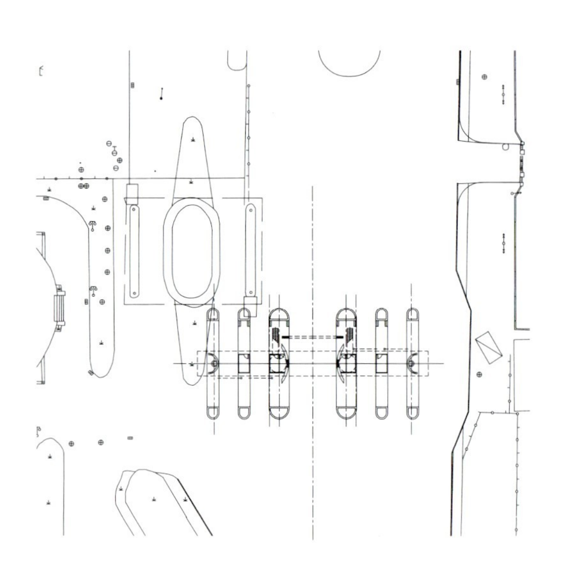

在设计中为加强卡口的识别性，以形成海关卡口应体现的国门形象。海关卡口基本形象用架空的钢桁架玻璃体，水平的钢桁架构成卡口形象的横向伸展。作为钢桁架结构的四组支点，其中中间两组，在设计中为形象需要，将柱改变形象，加以夸张形成两个片状的贯穿体。这两个贯穿体伸向远空，与母体做如下的形象对比：钢结构与钢筋混凝土结构的对比；钢结构的“轻”与钢筋混凝土的“重”的对比；钢结构的线性造型与钢筋混凝土的体块可塑性的造型对比；钢结构的规整与钢筋混凝土的自由型体的对比；钢结构的横向与钢筋混凝土的竖向的方向上对比海关卡口用基本体与贯穿体的形象对比，激化了卡口的形象矛盾。矛盾的冲突带来了本项目的活力。钢筋混凝土贯穿体喻意为两扇自由张开的大门欢迎着海内外客人。

天津开发区标志

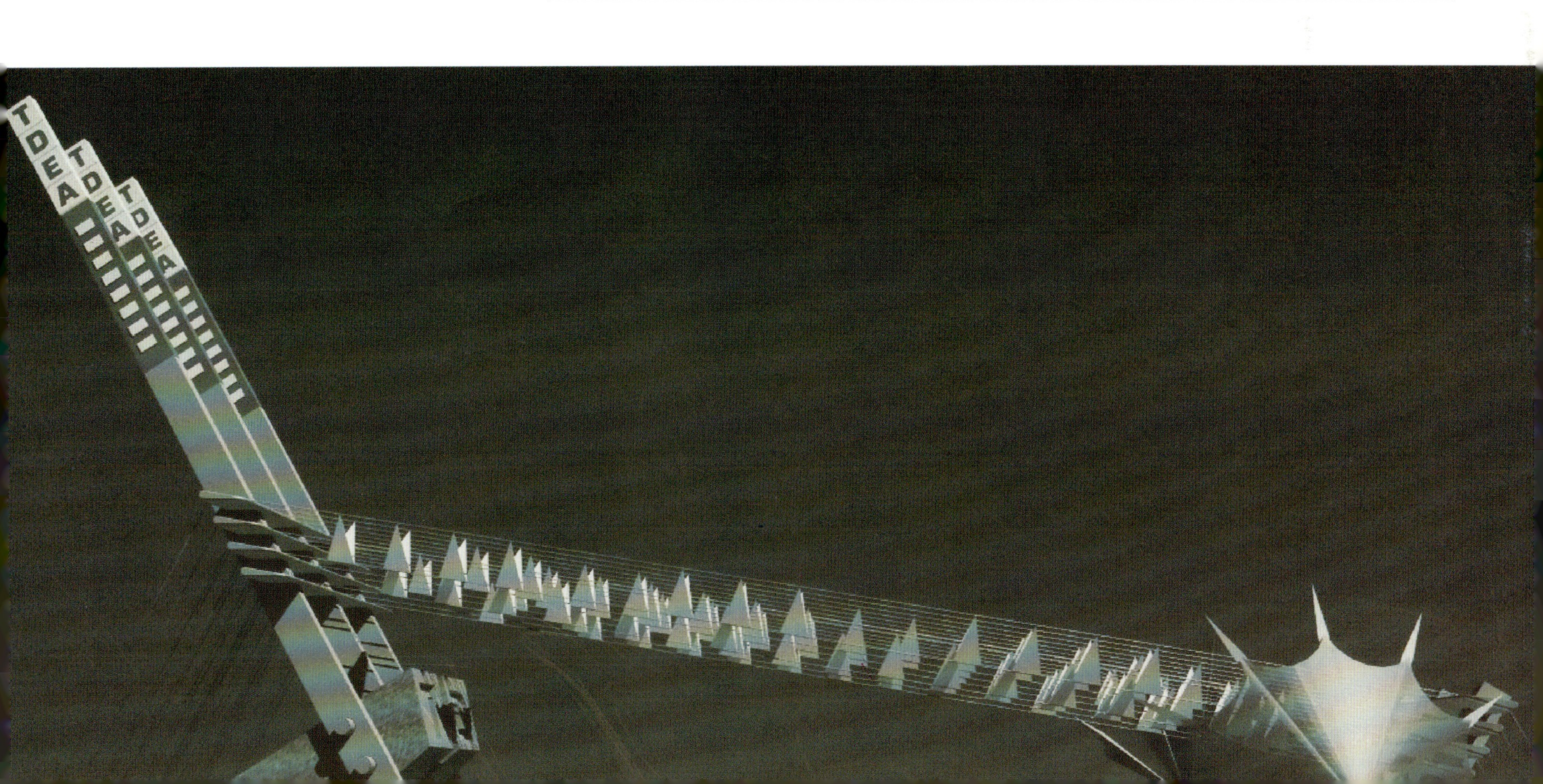

TEDA 天桥及下沉广场

- 2003 年建成
- 2004 年刊登于第一期
《新建筑、新技术、新材料》

方　案

天津经济技术开发区是我国第一批对外开放的窗口，在近20年中它的经济和城市建设均已取得了长足的发展，不但成为天津市著名的卫星城，而且在整个华北地区也卓现重要。在这种城市功能日益完备和生活需求不断增长的背景下，公共设施和城市建设面临着更高的要求。

本设计为天津经济技术开发区中心地区的一个小型的城市设计，包括一座连接两座重要建筑物的“L”形过街天桥及天桥和道路之间的城市广场。因为天津经济技术开发区简称“TEDA”，此天桥称为“TEDA 天桥”。

天桥跨越了第三大街和南海路，并同这两条道路一起围合了一个矩形的广场，广场东、北面向道路，西、南依傍天桥。第三街是开发区的主要道路，周围新建筑林立，开发区政府的行政中心和文化中心也在附近，南海路是联通开发区和津京塘高速路的主干道，车辆川流不息。

TEDA 天桥总长217m，桥面宽3m，桥下净高5m，围合广场面积6405m^2。设计的主导思路从城市设计着手，首要是和道路、周围建筑的关系以及自身各部分如何构成和谐整体，同时还要满足以下设计要求：

1.过街天桥的功能性要求——路面车行和桥上人行。

2.提高天桥本身在城市中的景观作用，使其成为开发区城市公共设施的景观亮点。

3.广场提供市民公共活动场所。

这个设计与城市的关系像一个篇章中清晰的字节，设计的处理很放松地、直接地表达了这种关系——一是作为连接体及城市图底关系中的背景，二是作为城市景观，城市因之更加完整而生动。

设计中的两个要素——天桥与广场一线一面，一个临空而过，一个下沉铺开。建筑手法统一，且考虑组合形象，重点着墨之处是从天桥桥面垂下的瀑布，构成广场西、南的水幕。具体的设计都是围绕这些原则做的。

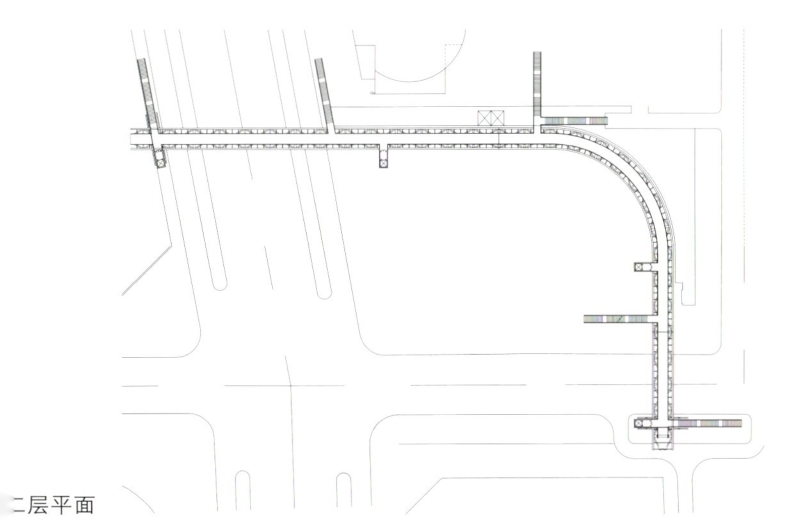

二层平面

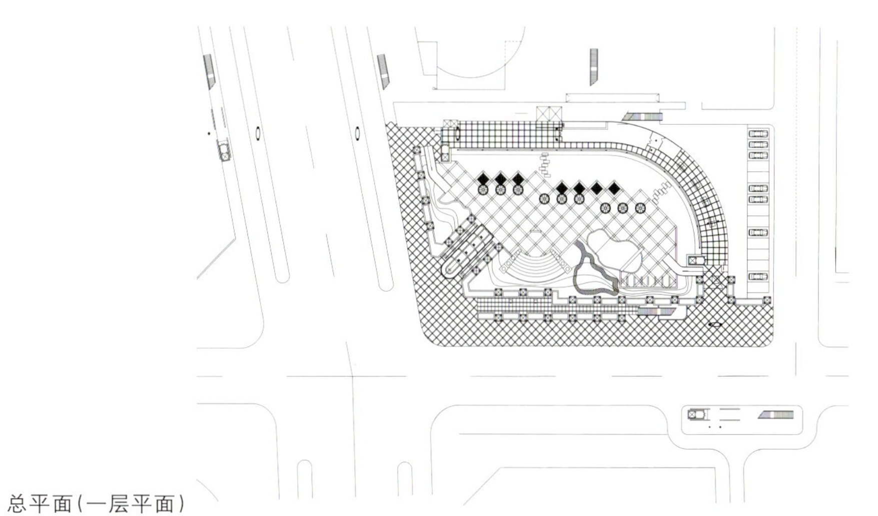

总平面(一层平面)

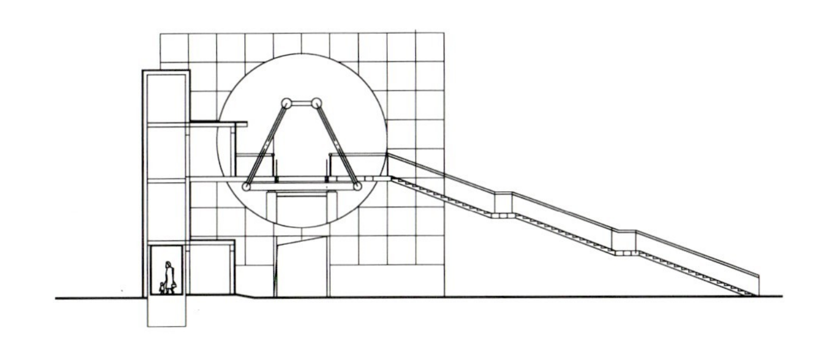

一、TEDA 天桥

桥内人行道由底板和两侧栏杆组合而成，充分利用了桁架内的结构空间，强化与结构的穿插效果。栏杆考虑了成人、儿童和残疾人的不同要求，设置了不同高度的扶手。为了保障桥面上的物品不落失桥下，在扶手的栏杆外侧设置了钢化玻璃栏板。为了减少风压，玻璃栏板是间隔的。栏板的玻璃与主体的钢铁两种工业化的材料充满现代感。桥墩的主体用色为深沉大方并且时尚的深海蓝，人行道桥则选择了更亮丽些的浅色。

由电梯和楼梯共同组成垂直交通系统也是重要的形象要素，它们是组合在线性、水平性构图中的竖向要素。主要包括在东端将玻璃观光电梯和楼梯组合在一起，方形"影壁"由穿孔铝板与玻璃围合而成，桥从其正中的圆洞穿过，动感跃然而出，并隐喻了行走中"迎向太阳"的浪漫情调。

另一个独立玻璃观光电梯在桥的中段，是桥面垂下的瀑布墙的起点，在广场的景观中扮演重要的角色。桥上间断地覆盖着弧面的遮阳板，为桥的形象增加了轻盈飘浮的弯曲形体，透过穿孔铝板光影柔和地漫射在桥面上。

二、下沉广场

开发区位于海滨，考虑到人的亲水性，因此广场下沉并以水景为主题。桥面垂下轻漫的瀑布和桥体的刚硬形成对比，并将天桥与广场轻松地连接在一起，水帘、水声以及溅起的水花更是广场中生动的景观。通过适当安排建筑小品和绿化设施，创造了一个可供休闲、娱乐、锻炼和聚会的开放性城市空间。

广场由以下部分组成：

1. 水池及瀑布区：靠近天桥占据主要位置，满足了各角度的景观需要，设计自由轻盈，和天桥浑然一体。瀑布分为三个层次，采用大水流与平时水流景观组合。

2. 绿化区：绿化区分为两个层次，沿广场西南种植几何剪切的植物，配以四时鲜花。在东北桥的外侧种植较为高大的植物，可防风寒，也做为整个广场的视线底景。

3. 人的活动区：活动分为三个区域，休息区静卧在水边，以观水景为主；沿南侧为运动区，布置健身活动设施；中间为活动区，小露天演出场可开展不同的群众文艺活动。TEDA天桥及下沉广场的夜晚照明利用灯光效果，区分主次突出整体性，创造出夜间的迷人景色。

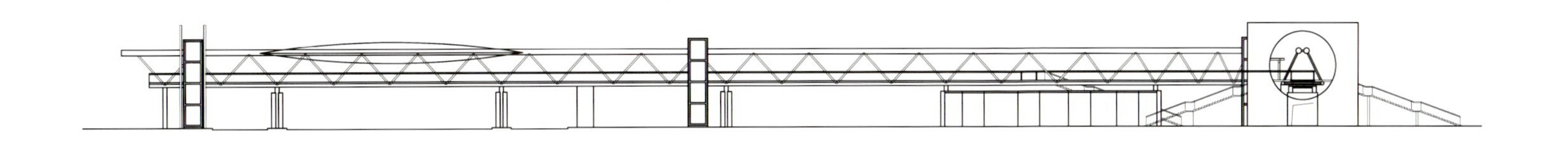

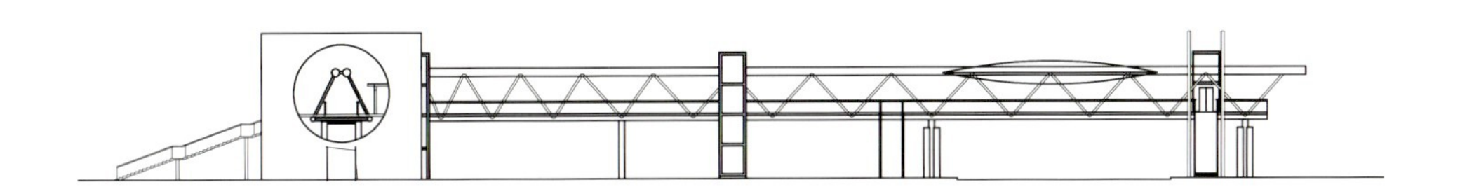

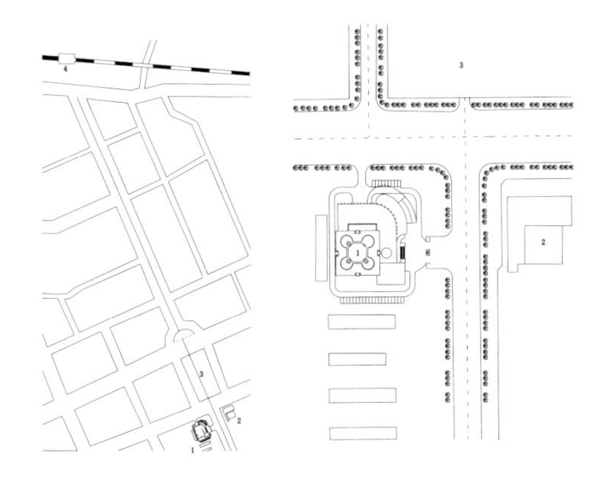

总平面

洛阳公安通讯信息指挥中心

• 2003 年建成

今日洛阳

古都文化

洛阳是尘封着千年历史记忆的中原城市，和中国许多大大小小的城市一样，除了一些已成为城市片段的古迹，她的历史和传统的记忆多只在精神层面。现在的洛阳市几乎完全是现代城市的面貌，城市的格局按照现代的城市生活构筑。在这样的一个城市塑造怎样的一个新建筑，我们面临的这个题目在现代的中国带有一定的普遍性。尤其“洛阳公安通讯信息指挥中心”位于市中心，是带有地标性质的高层建筑，无论对于业主还是对于我们建筑师都是一个挑战。因此从方案一出台，直到现在落成近一年了，关注和争议没有中断，主要的议论集中在城市和建筑形式两个方面。我们一直在倾听这些声音，有业主反馈的、有传统媒体上的、也有互联网上的。很多人看到了这个建筑，据说还有一些去看龙门石窟的国内外旅游团，也会去看看洛阳城里的这个新建筑。

同样的情况，不同的建筑师有不同的理解，导致不同的处理方式。我们经历过用钢筋混凝土的现代材料模仿古代木构细部的时代，经历过“西洋古典”的时代，现在西方建筑师进来，北京出现了“水煮蛋”、“鸟巢”，尽管形式激进，在他们的设计说明中洋洋洒洒的也尽是中国传统文化的灵感。

现代的中国城市是多元的，充满面向未来的憧憬和激情。建筑师应当理性，避免混乱和短视的行为，同时也要溶入时代，将时代的脉动赋予新建筑的生命中。

我们1997 年参加了“洛阳公安通讯信息指挥中心”的设计竞赛，在初选中我们面临了一些疑问，有些人甚至认为是个怪物，担心破坏了古城。政府主管部门组织了最终评定，评委为国家高级专家组，这个方案得到了多数评委的赞许，最终被确定为中标方案。从开始投标到决定中标历时一年，之后我们完成了方案和初步设计，由当地设计单位合作完成施工图。1999 年开工，2003 年落成。

洛阳市分行
OF CHINA
LUOYANG
但愿人长久
一路都平安

一、项目概述

为适应新形势下作战指挥的需要，建立现代化快速、高效的作战指挥系统，洛阳市公安局1997年至2003年筹建了“公安通讯信息指挥中心”。

指挥中心占地7125m²，建筑面积42700m²，主体高度113.6m，顶高128m，总投资1.4亿元。坐落在洛阳市中心区城市中轴线西侧，凯旋西路与体育场路的西南角，按规划要求与另一转角处已建的农行高层建筑从裙房至塔楼相应对称。这一布局在于强化城市中轴线的空间进深效果，围合北部的中心绿地。

指挥中心由塔楼和裙房组成，与农行对应裙房置于建筑的北部和东部，主要入口设在体育场路上。其东侧裙房地上4层、高19.5m，一层设有局部4层通高的主入口大厅，二、三层布置会议室，四层设大报告厅。北侧裙房地上5层，满足综合服务的功能要求，包括干警食堂、内部招待客房和文化活动用房。塔楼平面为30.8m × 30.8m，地上30层，属于超高层建筑，十七层设避难层，竖向交通在此转换。建筑顶部设多警钟瞭望观察厅和通讯铁塔。整个建筑地下两层，地下一层为车库，地下二层为射击训练场地、备用库房和设备用房。

指挥中心功能布局设计遵循以下原则：

将对外联系紧密的功能置于大楼的底部各层；指挥用房置于大楼的中部；上部为管理和通讯用房。分区合理，流线顺畅，各种管线置于核心筒内，设备布局紧凑。

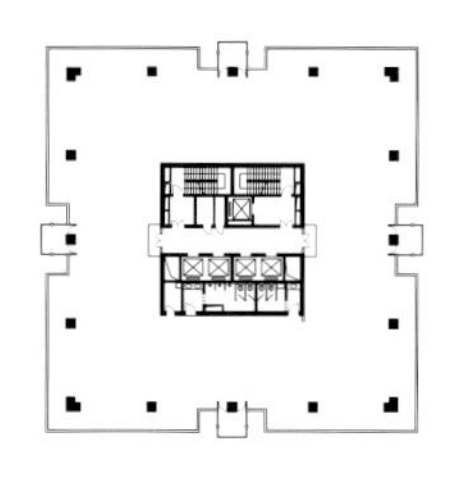

避难层

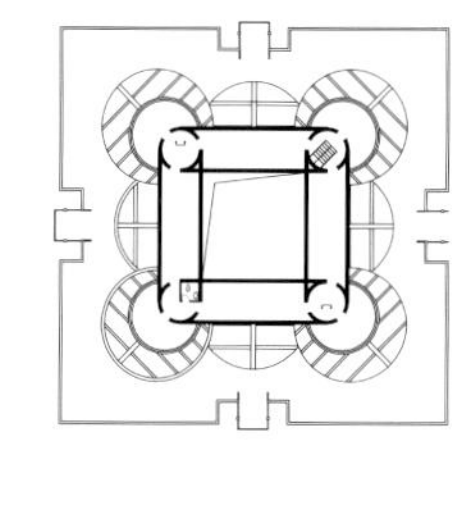

瞭望层

标准层 1

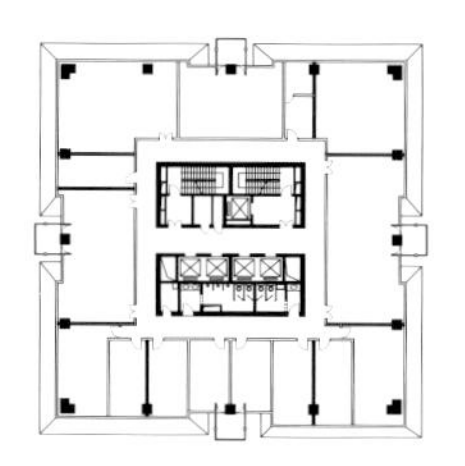

标准层 2

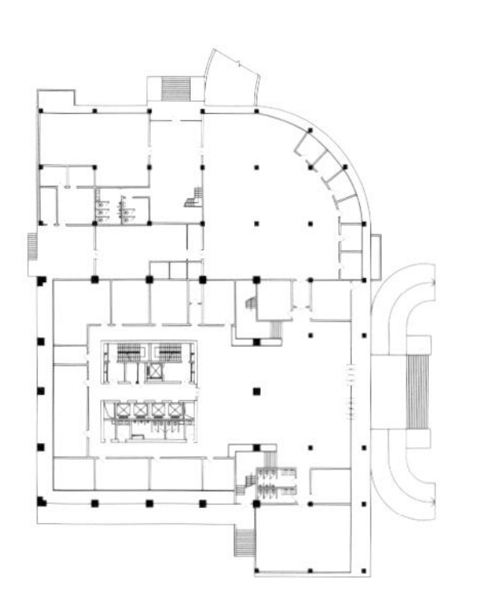

一层平面

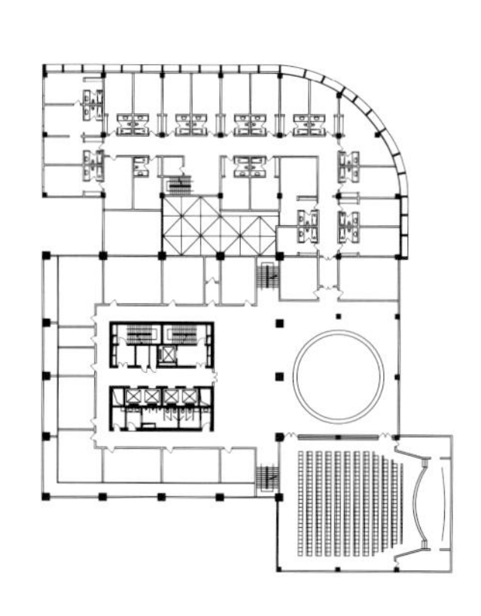

四层平面

地下一层平面

二、三层平面

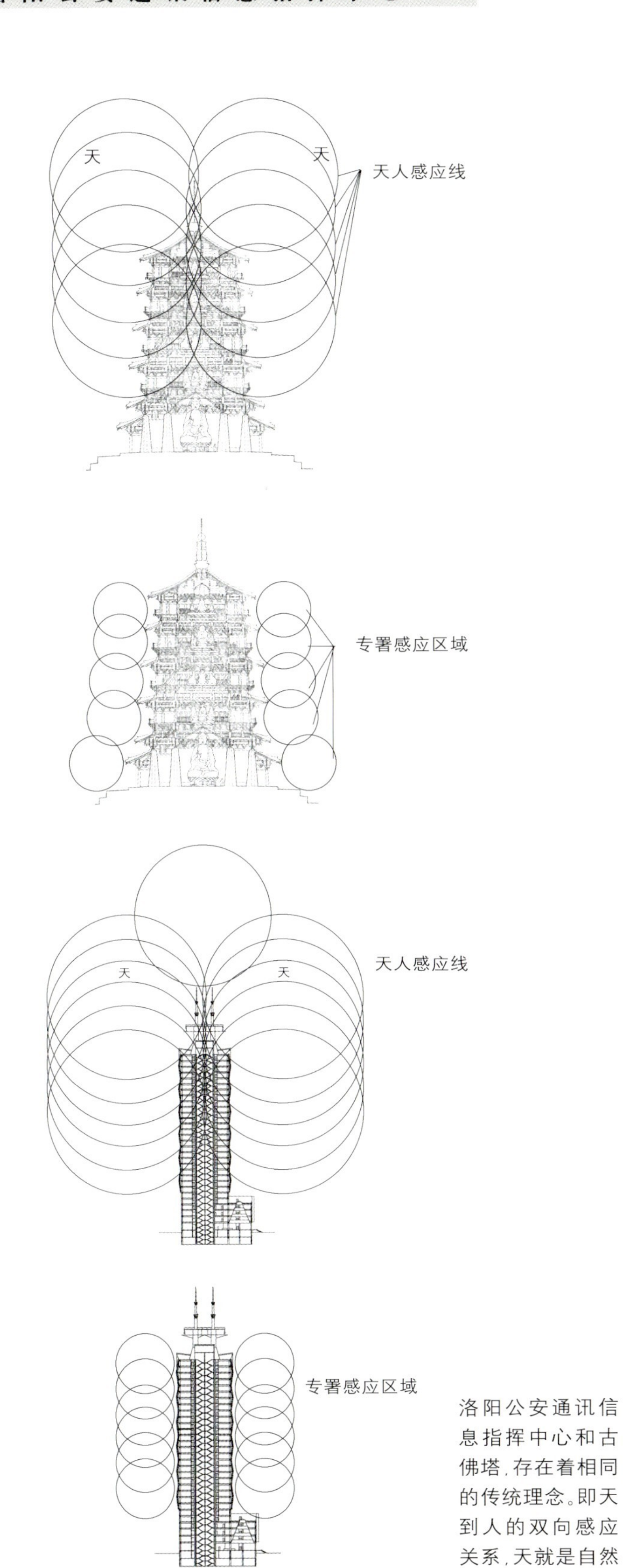

洛阳公安通讯信息指挥中心和古佛塔，存在着相同的传统理念。即天到人的双向感应关系，天就是自然

二、创意与构思

1.现代与传统

几千年的中国造就了很多古城，洛阳即是位于中原腹地的五代古都，有龙门石窟、白马寺、关林等一系列著名的文化历史遗产。提到洛阳人们自然先想到这些文化遗产，想到文化与传统的继承保护。我们在准备投标方案之前也不例外。但到洛阳实地考察，看到的则是另外一个情景——一个略显破旧的“现代化”城市。无论是在市中心还是整个市区传统的古城已不存在，城市文脉和建筑文化的连续性已无从找寻，城市中充斥着20世纪70、80年代的低标准的建筑群。是一厢情愿地以“模写传统”标榜对传统的思念，还是秉承现实的态度，给出一个适应此时、此地的方案？

一个家庭有老有小、有不同的性别和个性，一个城市也应当包容不同的时代特征多元共存。我们应像尊敬老人一样保护好老建筑，但完全没有必要将幼儿化妆成老人一样，做一个“假古董”。洛阳是一个拥有光辉遗产和破旧“现代”的矛盾城市，我们觉得应当划分为文化遗产保护区和现代城市区，形成一个多元复合有文化、有传统、有生命、有朝气、多元的现代化城市。而洛阳公安通讯信息指挥中心是一个位于市中心区、承担面向未来使命的现代化建筑。市中心区应当是现代的、充满生命的城市中心。指挥中心应当是一个具有活力的现代建筑。

当然建筑也承担着文化，我们理解文化包括两个层面：一个是传承的文化，作为生活中热爱传统文化并浸染其间的中国建筑师，成熟的做法是将自己的性格和体验注入建筑中，一味地抄袭西方建筑自然会丧失传统文化，刻意地渲染、重复也不可取；还有一个是我们这个时代的现代文化，它带着时代的烙印，自有其性格和表征，不可视而不见。

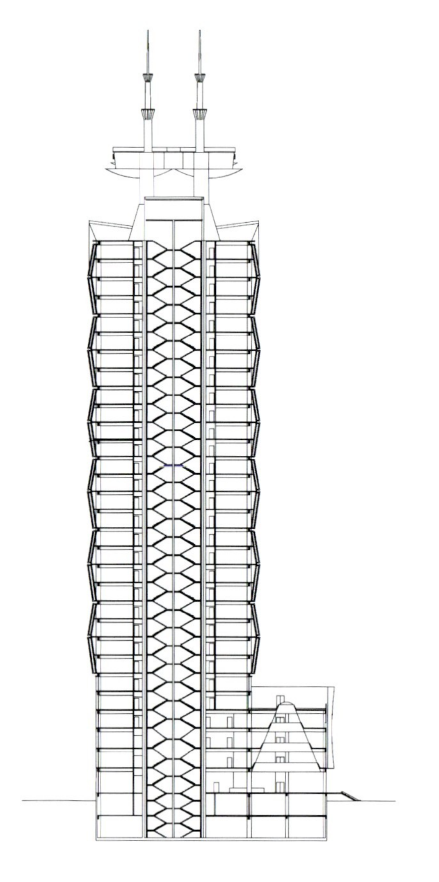

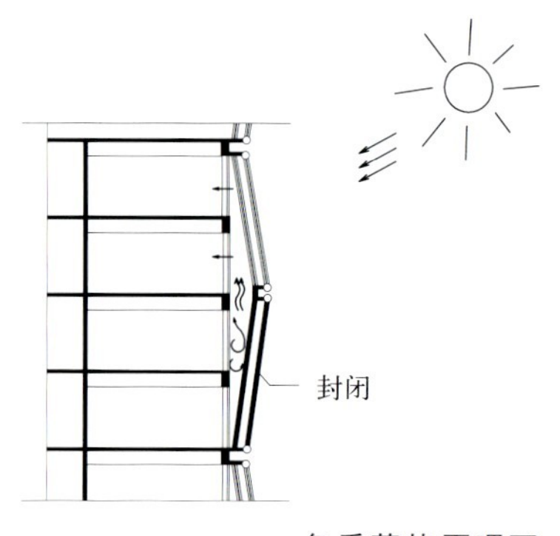

冬季蓄热原理图

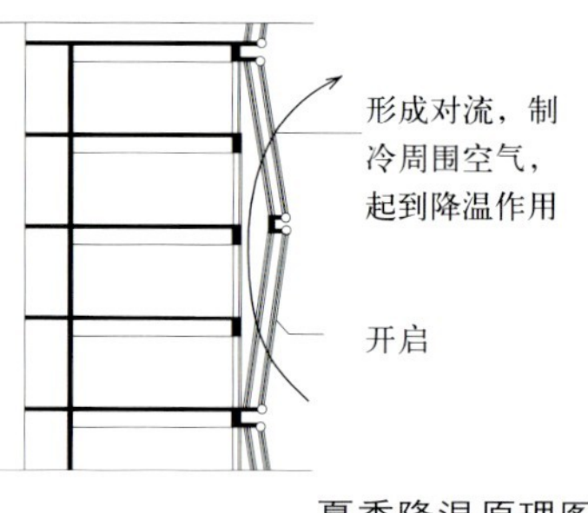

夏季降温原理图

洛 阳 公 安 通 讯 信 息 指 挥 中 心

2.风格

政治的稳定,经济的发展带来了城市的繁荣。城市不是静止的,它在运动,快速的运动,这就是发展,就是生命。新市区新建筑不断出现说明洛阳和我国其他城市一样在飞速地变化。指挥中心这种建筑类型即是现代化发展的一个产物,表达了现代城市的特征——高效的管理和信息化。由于它在城市中的位置,它的形象风格必然会对城市产生重要影响。我们赋予它一个简单的体量、轻盈的外形、积极明快的格调。我们要为洛阳现在那种较陈旧的城市氛围带来一股新鲜的空气。我们提供的不是“时髦”,是“时尚”,利用现代成熟的材料和技术,让人们联想到未来。我们决心做出有一定冲击力的个性,但符合经典的审美观,不放弃对尺度、比例、材料、色彩的推敲。具体的思考如下:

公安局、法院这种现代城市机构,在今天应当和市民紧密相连,相亲相近。“指挥中心”的形象应当改变历史原因造成的,公安机关在人们心目中的冰冷、高高在上、庄严肃穆的印象。

洛阳发展需要生机和活力,一定的刺激可以拉动城市的发展。我拜访过芝加哥北部的密而沃基小城,就是用一个具有强烈视觉冲击力的博物馆带动旅游,激活了原本已静止的城市。国外的一些例子采取的手法是在静止的地区放一个“另类”,叫做移入新的细胞,通过这个细胞的生长激活这一区域。当然洛阳的具体情况不同，但一定程度上的刺激也是能给城市机体带来活力。

3.我们遵循经典的审美原则，但不想拘泥于教条。就如毕加索的画和古典油画格格不入，但都具有永恒的美的特征。写到书本条文里的美学规律是在变化的，曾几何时，建筑不再讲究对称；曾几何时，建筑师们抛弃了装饰。我们尊重真实的需要，在此基础上尽薄力去探求挣脱教条束缚的美。

4.我们还看到的是旅游业在中国的发展，人群、大量流动的旅游人群，这是一个口袋有钱，心情愉悦，寻求“另类”的人群，他们将不满足停留在沉思观望传统，还要用愉悦的心情去看城市的新景象。生活富裕、社会发展自然会产生这样的人群，拥有积极、乐观而自信的性格。洛阳应当具有一个完善的历史文化遗产保护区，也应当出现一个具有现代化发展生机的新市区满足这些人的需求，繁荣洛阳的经济。

三、形式语言

1.双体系的建筑

上世纪初的现代主义建筑运动解放了建筑的“表皮”，自此之后建筑外形可以千变万化。但长期以来，大多的建筑形象设计仍是将结构和表皮作为一个整体，建筑的表皮就像人的皮肤包裹在结构上，我将这种设计叫做“一元体”。探究表皮处理更多的可能性是很多建筑师的关注点，例如理查德·迈耶的具有雕塑效果的三维建筑外维护；高技派建筑的结构和表皮“你中有我，我中有你”；再到现在赫三佐格和德梅龙事务所的表皮和结构合一。

我将建筑作为“二元体”来考虑，将建筑的表皮围护看作人的衣服，是和建筑主体脱开的两个体系。如果说人和皮肤是一元体，那么人和衣服就是二元体。衣服不像皮肤，它可以随心所欲，看时装表演，服装生动自由。建筑主体和建筑表皮各成体系，这样建筑就形成一个基本体、一个附加体的组合。

当然以“二元体”的思路来设计，不只停留在主体与围护分离上，也可以有其他形式。比如我们在天津TEDA天桥设计中（见建筑学报）的“二元体”划分，是另一种形式。一个是基本功能体，一个是结构体，这样结构体不会过分约束功能体，形成了功能体在结构中的贯穿，强调了力感。还有一个例子，我们在中国国际进出口总公司国图文化大厦改造的设计中（见建筑学报2003.6期）也运用了“二元体”的概念，将20世纪60年代末的原建筑视为基本体，外立面改造部分视为附加体，附加体独立存在，不受老建筑的制约，也能尽量少改动原建筑，这样就出现了与原建筑完全不同的形象。附加体作为一个体系也有骨架，这不是主体结构骨架，“二元体”使得建筑形象具有了丰富变化的可能。

洛阳公安局公安通讯信息指挥中心就是运用“二元体”的概念去设计的。

烟台市图书馆

- 1997年建成
- 山东省优秀设计二等奖
- 建设部优秀设计表扬奖
- 刊登于1998年5月《建筑学报》

烟台市图书馆藏书140万册，阅览座位1000个，容纳150名工作人员，图书馆建筑面积15823m²，用地面积27200m²。图书馆一期包括一座地上10层地下3层的图书馆楼及一座两层的报告厅。图书馆建在芝罘区东郊，原“建筑者之家”场地内。场地距海边200m，依山傍水，环境优美。“建筑者之家”改造后将成为图书馆的一部分，做专家招待所和三产。

烟台市图书馆的设计主要以以下三点为依据：

一、随着经济的不断增长，科学技术的飞速发展，图书馆作为整个城市的文化活动和信息中心的作用不断增强，在设计中要考虑到与城市环境的关系。

二、书的形式、阅览的方式等文化活动的形式正在发生着变化。声像图书、多媒体的发展将对阅览形式带来革命性的变化。

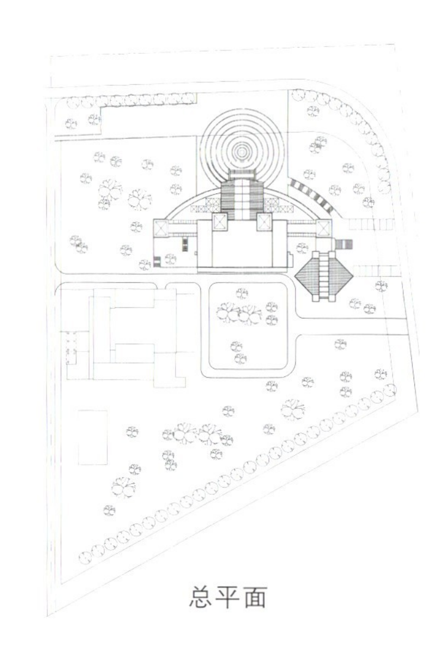

总平面

三、处理好书和人的关系。缩短人和书的距离，方便读者。除了在平面布置上考虑到这点外，书刊借阅的管理方式也体现着图书馆的先进性、科学性及方便读者的程度。阅览空间和书库的位置具有不断的灵活调整的可能性。开架形式比闭架形式要先进方便。

图书馆的总平面设计就考虑到了城市环境问题。图书馆北邻迎宾路，地面标高相差6～7m。设计中综合了地段位置和地形高差这些特点，作了以下环境处理。

（一）将图书馆作为一期工程置于地段转角处，这样做有4个优点：

1.利于图书馆的发展变化，使其可以向两个方向延伸，自由度大。

2.转角处是具有控制性的位置，在完成只有一期建筑时，也能保持建筑和地段的完整形象。

3.转角部位南部是大片绿化，能使阅览室面向优雅的绿化环境，并充满阳光，改善了阅览条件。

4.转角部位可充分利用地形高差，形成南、北两个地面层，便于设立对内、对外互不干扰的两个入口，方便了图书馆与外界的联系。

（二）为满足图书馆要成为该市文化中心的要求，根据地段依山傍水的优美环境，充分利用地貌现状组织群体，并充分留有发展用地。一期图书馆、扩建部分和原有的“建筑者之家”围绕一个安静优美的绿化中心，组合成一个有机的建筑群，这个建筑群将逐步发展成为市级文化中心。

（三）根据总平面的布置和地形高差，合理安排出入口。除建筑、广场、道路外，其他部分尽量保持原有地貌和绿化，使图书馆和自然环境紧密结合。在设计建筑本身时，则更多地考虑到了新的功能要求，作了以下处理：

1.采用等柱距、等层高、等荷载的平面布置和结构形式，以适应业务运行和功能调整的不断变化。

2.利用地形差，自然形成南、北向两个地面层。南向地面层作为书的入口和工作人员层。北向入口面对主要干道，作为读者的主要入口，这一入口形成一南北向的主要交通轴，可直通目录和出纳厅、报告厅，向下可通向报刊阅览室和老年、儿童、残疾人阅览室，方便了读者。

3.设有壮观的通高的中心大厅，上有玻璃采光顶，裙房各层均围绕这个中心大厅。

4.充分考虑了近期的发展扩建。阅览、藏书均考虑了灵活调整和发展的可能。立面设计主要考虑了两点：一是为适应传统观念的审美要求，突出其雄伟，壮观，图书馆的立面设计处理为稳定的“山”字形，下部裙房平面展开为半圆形以便和转角部位的地形结合；二是和当地建筑风格协调。一层设有弧形柱廊，即创造了室内外过渡的空间，更和当地传统风格取得一定的呼应。柱廊下部为花岗石。上部为不锈钢，以体现传统文化和现代的结合。

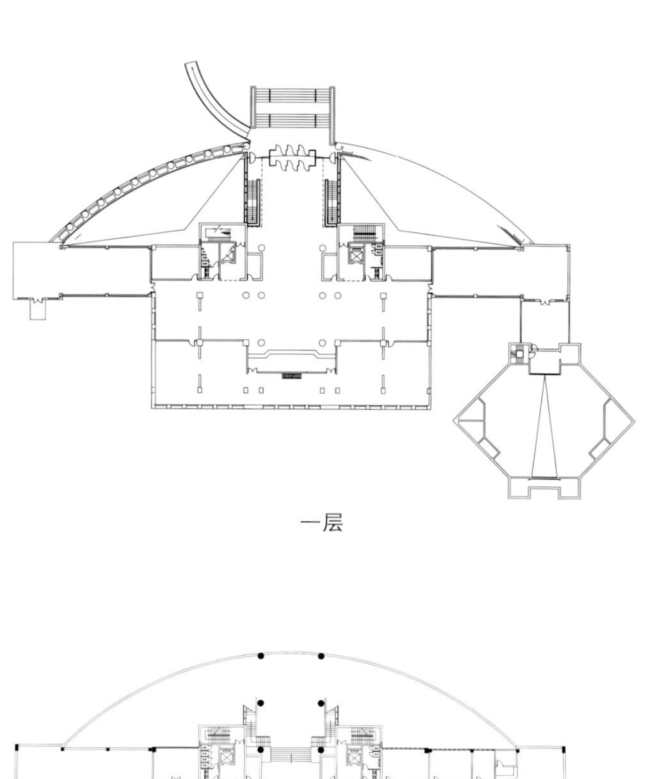

一层

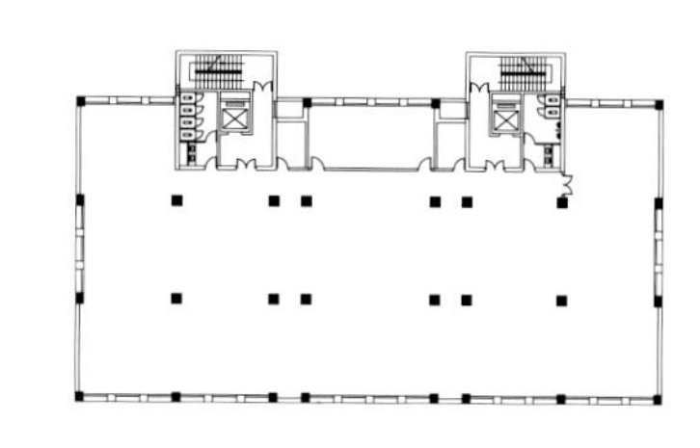

标准层

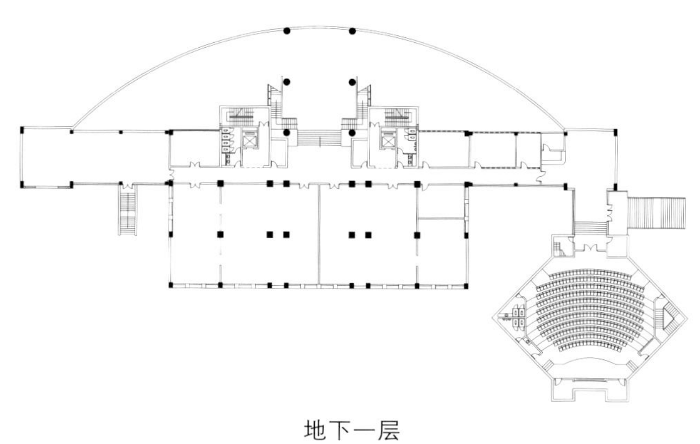

地下一层

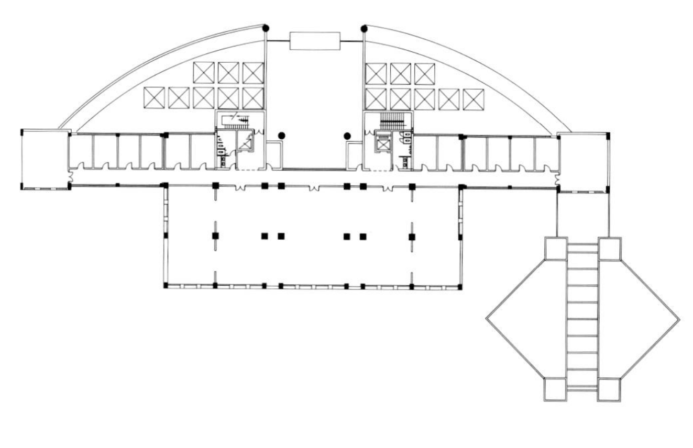

二层

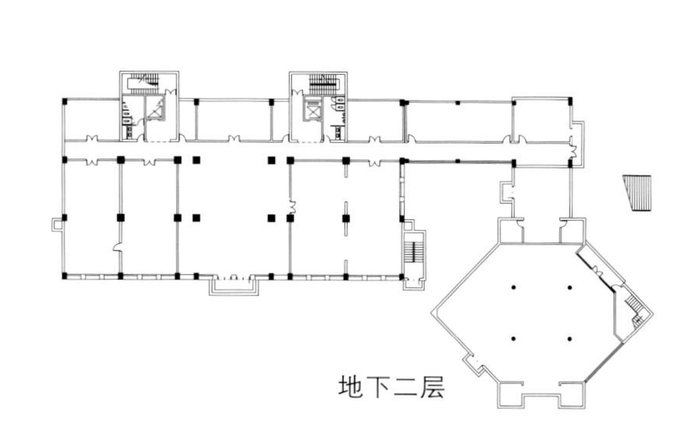

地下二层

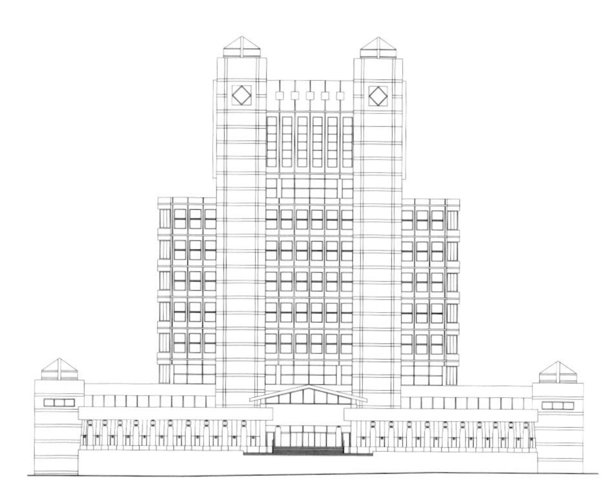

正立面

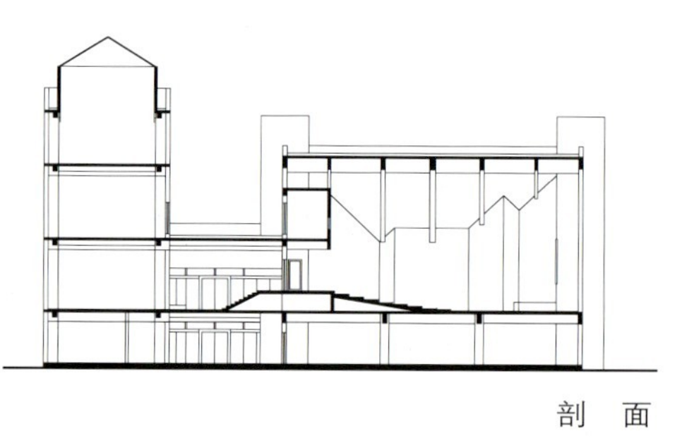

剖 面

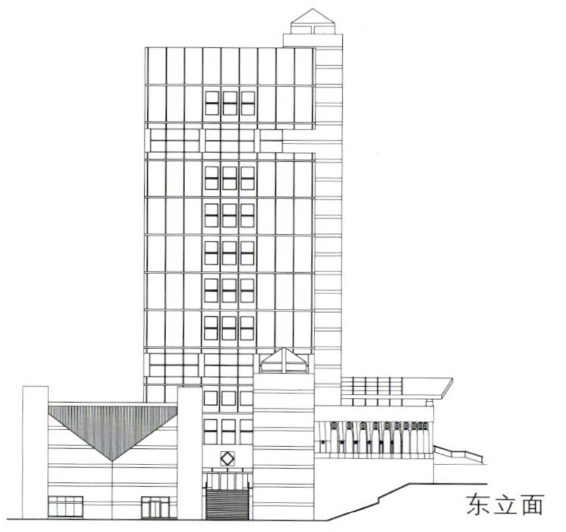

东立面

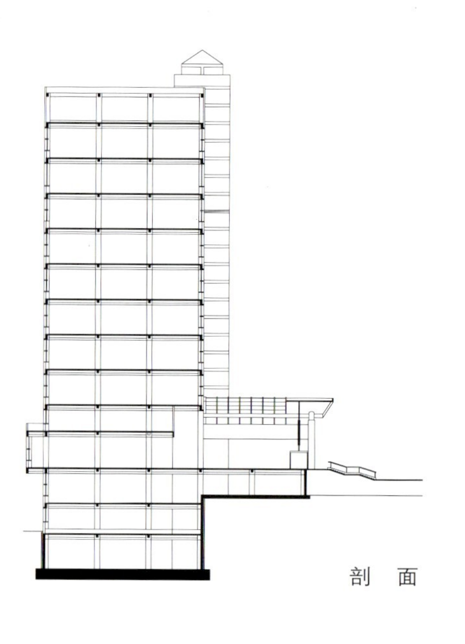

剖 面

报告厅

天津空港物流
办公用房

天津空港物流办公用房适应物流活动急速发展而建，做临时性的管理之用，建筑面积1000m²，单层。

工作需要的紧迫性和建筑的临时性是我们构思及设计的首要条件。其应具备平面简捷、施工快速、构造简单、材料组成简单，尽量工业化组合拼装，且造价低，可改造的特性，经过对材料的调查了解，决定采用轻钢骨架清水混凝土预制组合板（3E板）结构。这两种材料组合有以下几点好处：

1.轻钢做支架结构施工方便，工艺成熟；

2.清水混凝土预制板为一种新型建材，即3E板。其生产设备和工艺新近从国外先进国家引进，3E板为组合拼装板，中有空洞，厚为50mm、60mm和80mm三种，自防水，可做保温墙面，上、下用简单铁件固定，也可随时拆除更换。3E板还有一个最大的优点就是表面平整，不作装修，可做清水混凝土墙面；

3.以上两种材料的组合决定了建筑的性格为自然朴素的现代建筑。

天津空港物流办公用房用两种材料钢和混凝土分别形成体系。在设计中突出这两种材料个性，一个是深色的钢结构，一个是清水的混凝土，巧妙地运用这两种材料的个性相结合。在中间大厅突出了钢结构，在其他空间突出了清水混凝土，整个建筑只用了这两种形象结合。其禀赋各不相同。只是使其穿插流动。天津空港物流办公用房为单层、层高3.6m，中厅层高6m。中间大厅为接待和展厅，南边有开放式办公区，北边有接待室和小会议室，正对大厅为大会议厅，其余两侧为各种办公用房。

天津空港物流办公用房的室内外装修为轻钢结构刷深海蓝防火防腐涂料，清水混凝土 3E 板为本色。外门为深海蓝钢框全玻门，内门为本色松木格栅玻璃组合门。

天津空港物流办公用房从设计到建成用了一个月的时间，其室内外效果自然、朴实、清新，体现了物流建筑的新个性。该建筑2003年建成。

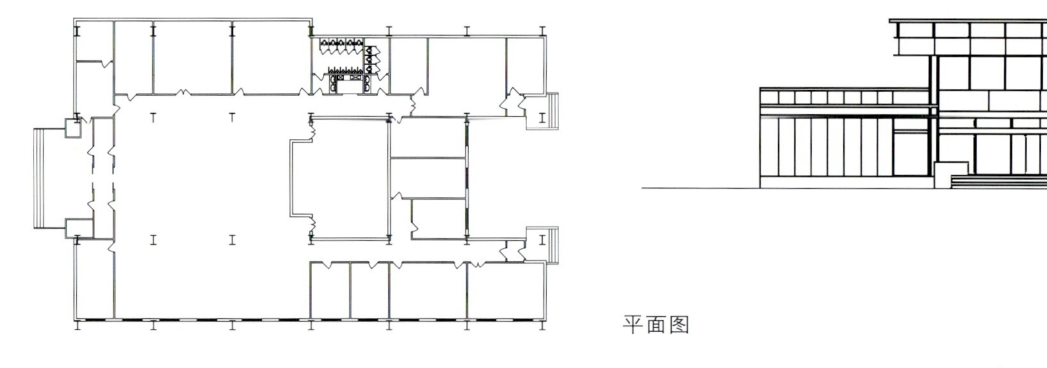

平面图

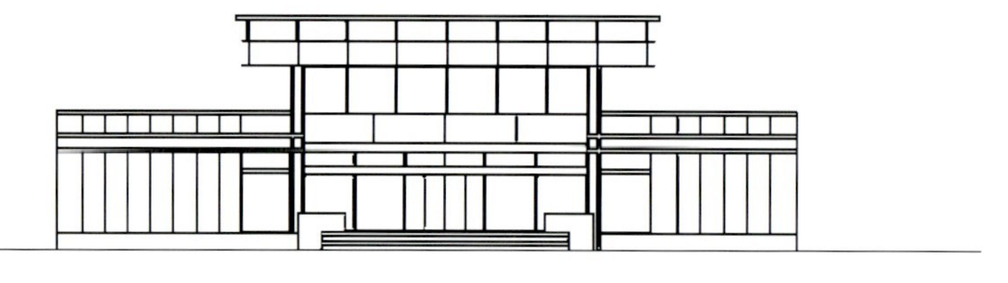

立面图

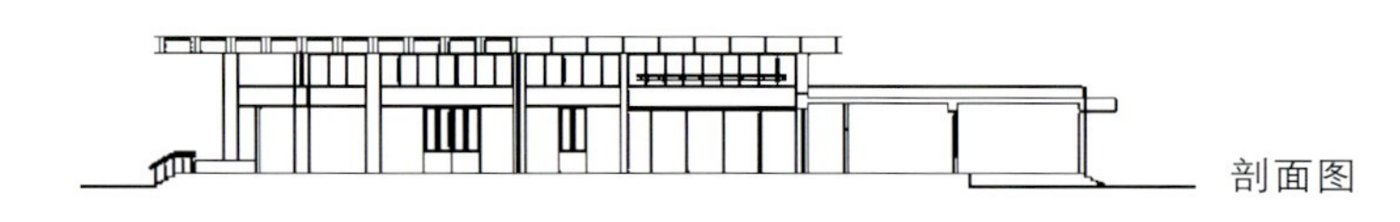

剖面图

内墙处理

会议室

国图文化大厦

——中国国际图书贸易总公司仓库改造

- 改造于2002年10月完成
- 获2003年北京优秀设计二等奖
- 获2003年建设部优秀设计二等奖
- 刊登于2003年5月《建筑学报》

中国国际图书贸易总公司的图书仓库位于北京西三环，建筑面积1.2万m²，其所处位置由于三环路的发展逐渐成为较繁华地带。近年来由于货车白天不能进出，交通已极为不便，影响了仓库的正常使用。该建筑在这地段如果还做仓库使用与周围环境不协调，在经济上也是损失，中国国际图书贸易总公司决定将该仓库改建为写字楼，主要用于出租。原建筑为混凝土结构，经检测结构完好，改造可行。

使用功能的调整：

调整后将建筑的主路口设在南向，临道路。建筑的西侧、北侧增设停车场。仓库改做写字楼使用时，需调整电梯，在两侧需增设消防梯，各层增设卫生间，一层入口处增设大堂，其余各层尽量加大出租用户面积。各层除设有公共走廊外均为大开间，由使用单位做进一步分隔。整个建筑增设集中空调系统。改造后从功能上满足现代写字楼使用要求。

建筑形象的调整：

改造项目不同于新建，受原有建筑的制约，没有太大的灵活性。因临三环路，对该项目的形象又有较高的要求，业主又想做出建筑的个性以使写字楼出租出去，尽快取得经济利益。主体建筑是上个世纪60年代末建成的老建筑，因此在改造中尽量少动原建筑，以减少出现未知的麻烦，只是在外墙上将仓库原有的小竖条窗合并为大窗。

附加体作为另一部分，包括外增的消防钢梯和卫生间，全部采用独立的钢结构，由于这一部分和主体脱离，自由度较大，用其型体可以调整原有建筑的立面过于简单呆板的问题，其围护材料也可采用当前较为时尚的材料，在这里采用穿孔钢板，使附加体有似透非透的效果。立面的门窗调整也使其与原主体分离，重新建立一个钢架体系，这钢架体系独立于主体外，满足固定门窗的构造要求，同时，裸露的钢材自身也成为时尚的建筑造型，这就形成了该建筑的形象个性，外露的钢架作为建筑形象主要构成语言，在色彩上用对比的手法使其更加明确，整个建筑的色调是对比色调，给人一种朴素的新鲜感。

钢架材料和铝门窗材料都是很一般的，这样也就节省了造价。

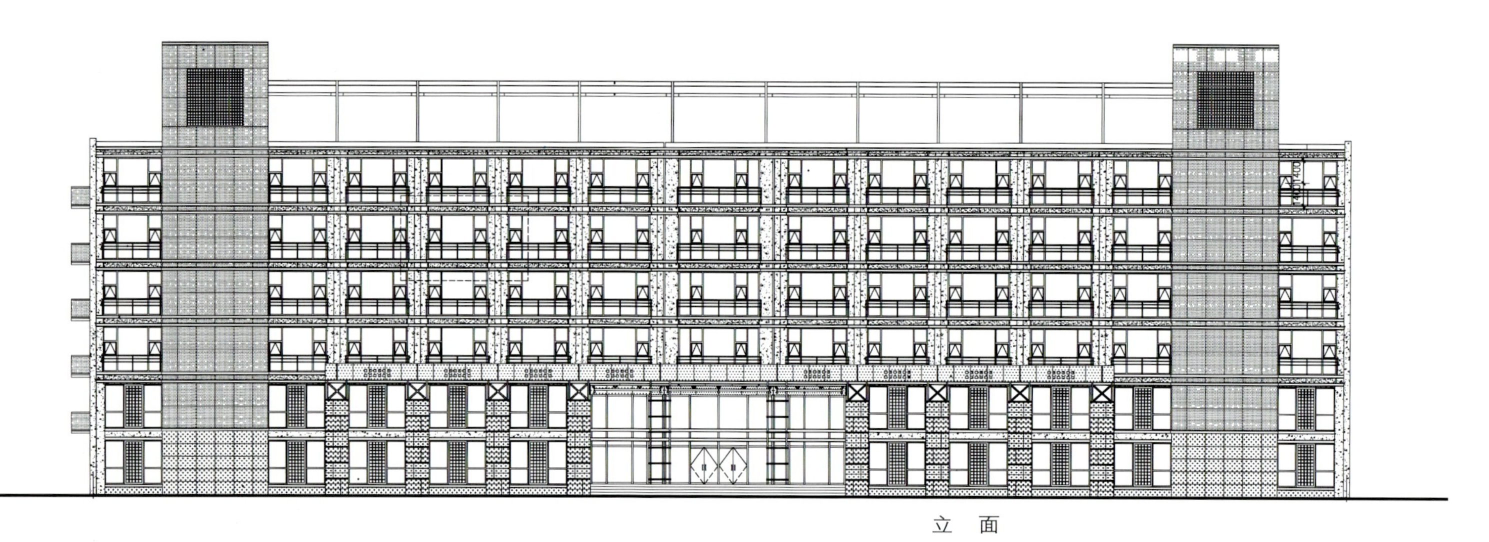

立 面

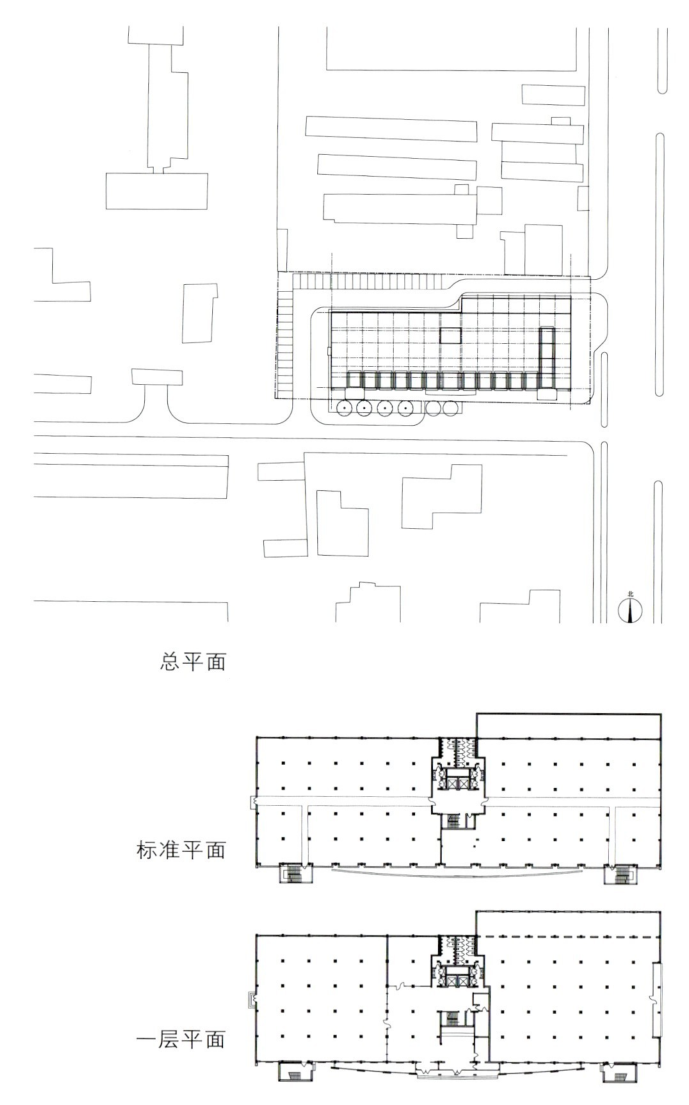

总平面

标准平面

一层平面

展厅入口（展卖）

休息区

序幕

展区入口

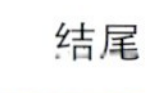
结尾

展区

中国建筑展

第二十一届世界建筑师大会

• 1999 年完成

中国建筑展向世界展示了中国建筑的传统文化和改革开放取得的成绩。

分为中心展区和基本展区。基本展区为四个部分：继承、发展、城市、民居。

中心展区是一个综合展区，主要展示中国传统建筑的精华。同时还营造一个有中国特色的室内景观气氛。使观展者能深刻感受到中国建筑的传统文化。

基本展区是专题展区。中国建筑展的展出工作主要为两个方面：一是展出内容；一是展览室内营造的气氛。这两点决定了展览能否成功。

展览内容根据最具有权威性的，已公开发表的著作、刊物为基本控制原则，并结合各地报送的具有代表性的建筑传统文化和现代建筑。

展览室内气氛的营造突出中国传统文化精神。它通过以下几个方面实现：

1. 平面布局采用中国传统形式。

采用中国最具代表性的院落形式，院落

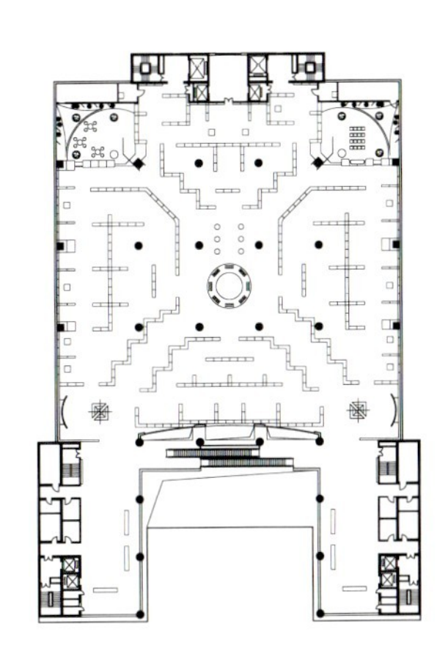

中心展区

包含着人的活动和自然空间两个部分，它体现了天人双重感应关系。展览的平面就是一个类似“四合院”型的“亚”形平面。东、西、南、北四面为基本展区，中间为中心展区。按传统亚形宇宙平面，体现“天圆地方”的空间构想。按方位四个角结合功能，分别为展览的入口、出口、室内的中国园林（成为休息区）和洽谈影像展示区域。展览的中心最具神圣的地方设计了一个喻意的“神”坛。8个柱支撑着“地球”，顶部四边吊起叶状现代膜材的装饰，代表世界的协调发展。中心的地面为中国古代的罗盘。

周边的每个展区入口做了抽象的中国式门。展览的入口展出了古建实物“斗栱”，出口用钢丝和玻璃做了一个“V”型，喻意着未来。

展览主色调来自中国的红色，沉稳大气。各展区入口进行了强化并结合了民间的装饰。

中国建筑展形成的独特艺术形象得到了各国建筑师的好评。

中国人民银行
金融电子化公司
软件开发基地

——九龙物业楼改造

• 2003 年建成

金融电子化公司软件开发基地位于北京大兴区西红门镇，东临京开高速路收费站，原建筑为物业管理楼，需改造装修使用。总建筑面积7776m²。因原建筑为混凝土框架结构，内部均为小尺度的空间，故需增设较大空间的附加体。附加体在主体的东侧。形成体量上的一主一从亲和关系。在结构上也区别于主体，附加体为钢管结构的玻璃壳体。色彩上主体为较暗的砖红色，附加体则采用了明亮的白色，原建筑和附加体建筑形成完美的结合。

1. 主体建筑的再调整

主体建筑地下1层地上4层，框架结构。主体建筑内安置主要功能，地下一层为职工餐厅和设备用房，一层南部为管理区，北部为培训区，中间设大会议室。二、三层主要为开敞式工作区和小会议室，四层中间为工作区，四周为办公用房。

2. 增设开敞的活动厅

在主体建筑的东侧增设开敞的活动厅，以提高企业的现代形象并提供现代活动空间。增设的大厅拔高3层，内设观光电梯和休息区。大厅为管型钢架结构点式玻璃幕墙。增设的观光电梯钢架上部具有拔风塔的功能，出屋面后做双层活动窗，利用电动开启，调整厅内的气流。增设大厅与原建筑紧密联系融为一体。

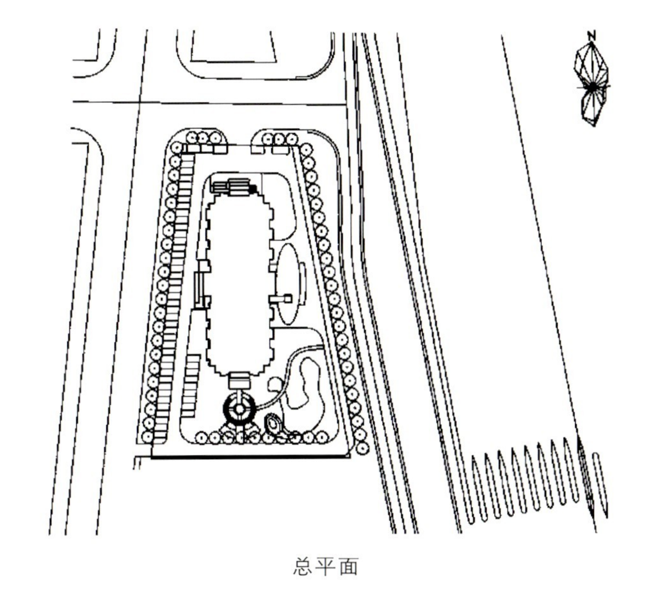

总平面

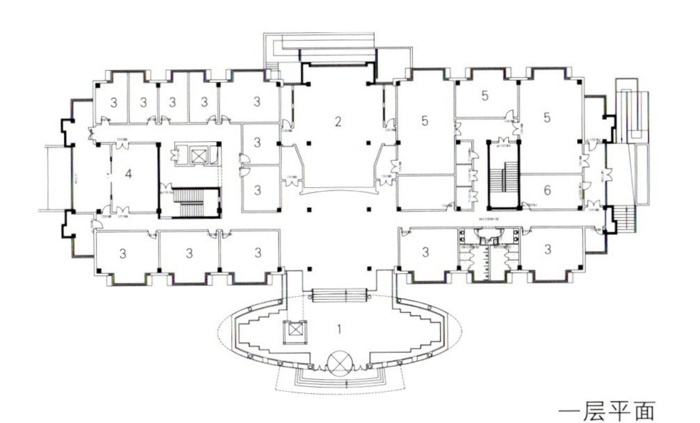

1. 大厅
2. 大会议室
3. 办公
4. 接待
5. 培训
6. 控制室

一层平面

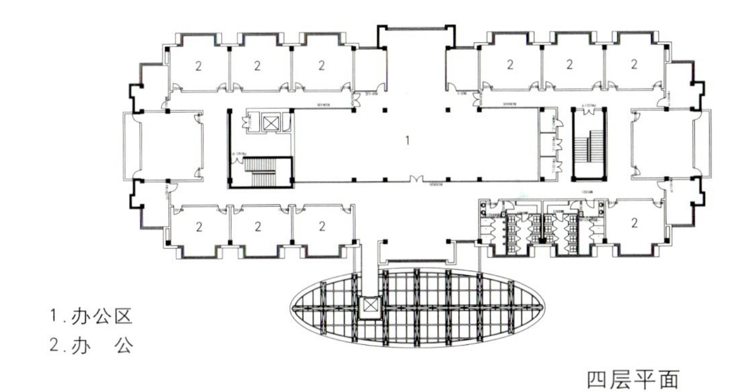

1. 办公区
2. 办　公

四层平面

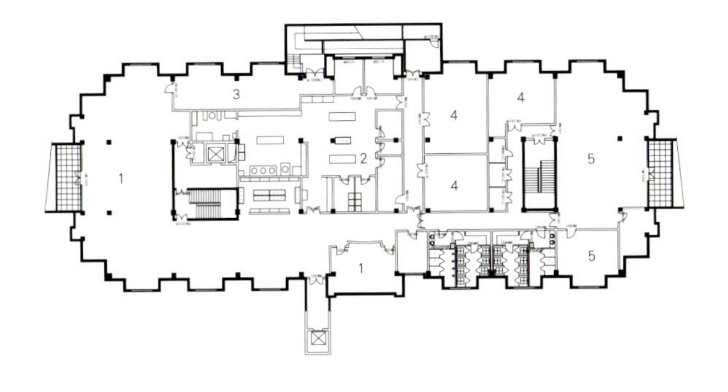

1. 餐厅
2. 厨房
3. 配电
4. 机房
5. 活动室

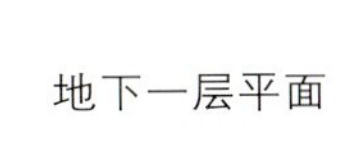

地下一层平面

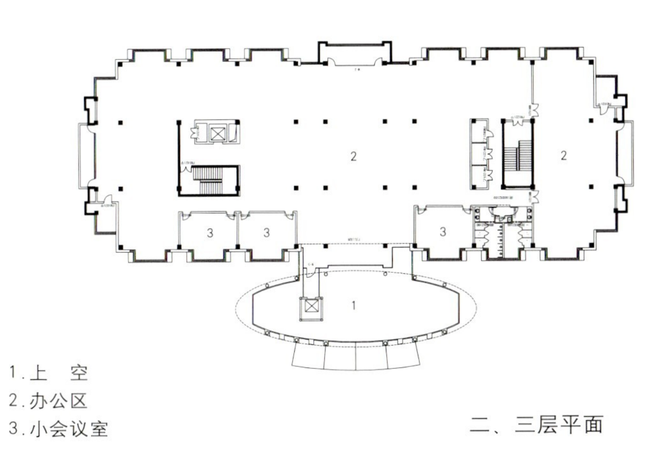

1. 上　空
2. 办公区
3. 小会议室

二、三层平面

3.交通组织

主入口设在东侧,次入口设在北侧,地下设备用房和厨房的工作通道设在地下西侧,由坡道联系地面,地下职工餐厅在南侧开口,勾通了绿地,原建筑设有两部步行梯和一部电梯,予以保留。增设的观光电梯联系地下一层至四层。

4.装修

(1) 各种不同的使用空间做不同的处理

•公用大厅、活动厅、餐厅等空间用外装修的手法来处理,如砖、钢架、玻璃等。

•工作间按使用要求铺设架空地面、防尘墙面和金属板吊顶,便利走线和清扫。

•其他空间建筑施工一次到位。

(2) 充分运用"光"完善空间形象

•利用室内外地面高差,将地下开通、引入明亮的自然光,使餐厅变为明厅。

•在工作区尽量减少隔墙,做到开放通透。

•顶棚和墙面做悬浮的局部照明。即节省能源又出效果。

(3) 装修功能化

按功能使用要求进行装修,形成一种简洁自然的空间形象。如开敞大厅点式玻璃和钢架的运用,大会议室吸声穿孔波浪金属顶和吸声墙面的运用,职工餐厅锈石和劈裂砖的运用,工作区金属墙面和架空地面等。其功能要求满足了,装修也就完成了。

中国金融电子化公司软件开发基地,2003年底竣工。

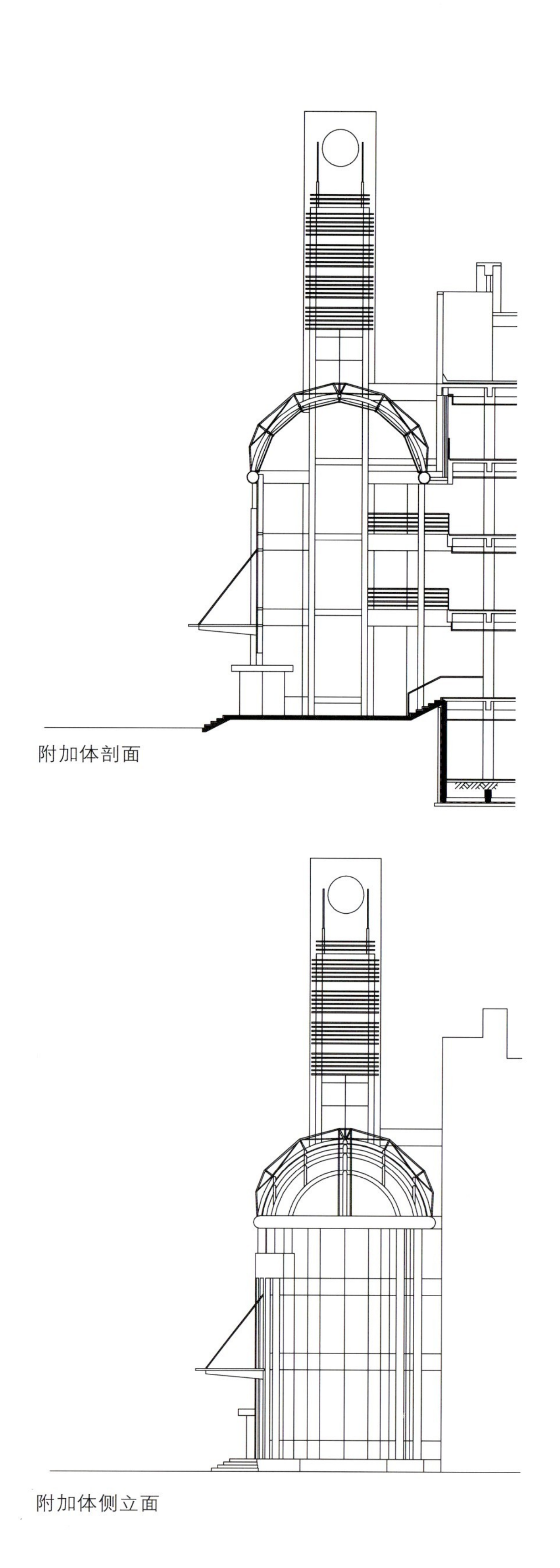

附加体剖面

附加体侧立面

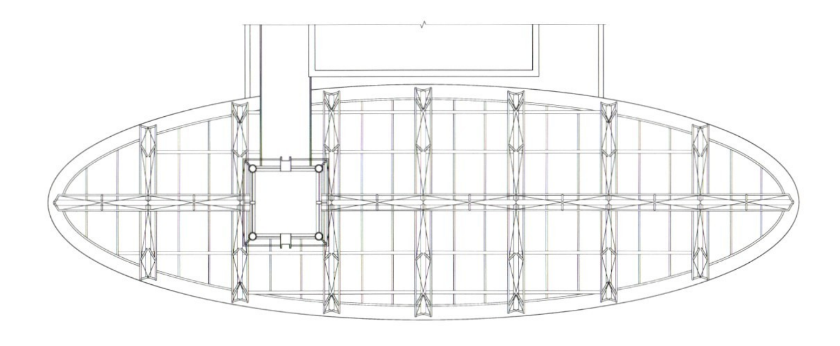

附加体顶面

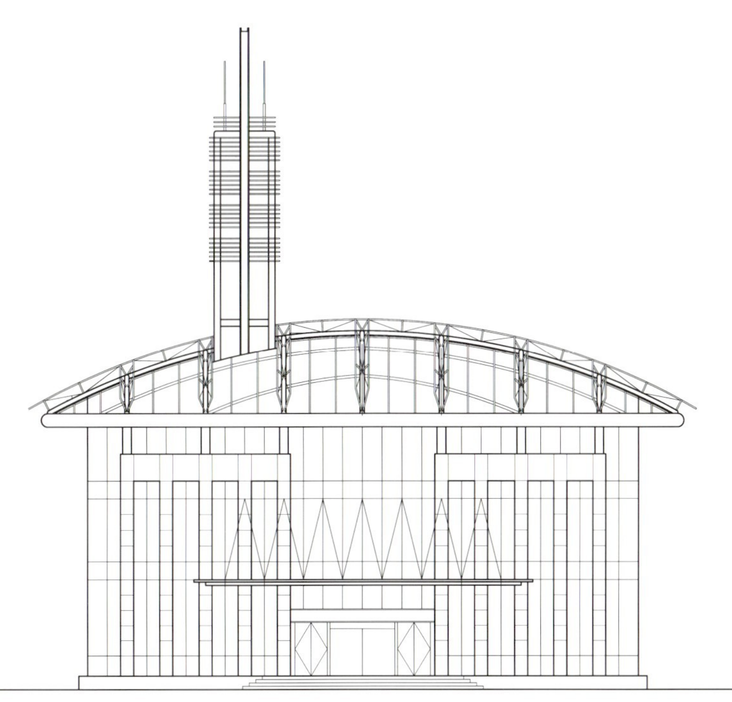

附加体正立面

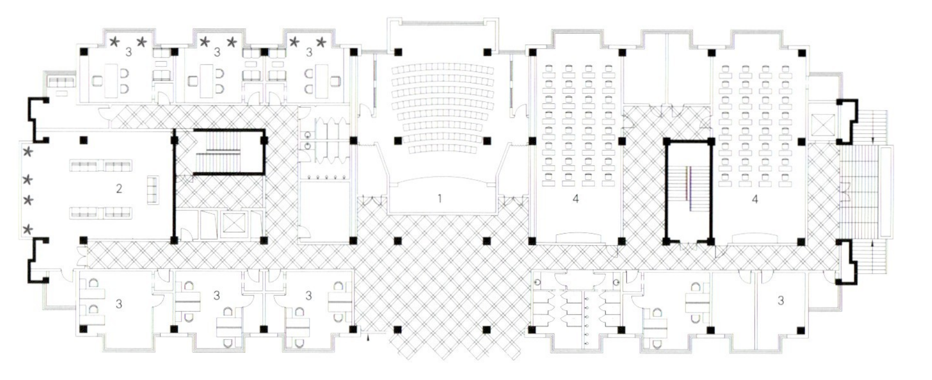

1. 大会议室
2. 接待室
3. 办公
4. 培训

一层平面布置

大 厅

石家庄市植物园

• 1998年建成
• 获建设部优秀设计二等奖
• 刊登于《建筑学报》2001年5月

植物园位于石家庄市西北郊，在城市和自然风景的结合处，西为太行山，南邻高速公路和市主要环路，占地87ha。

石家庄市植物园在中心区开挖制造了大片湖水，沿湖创造了不同的水体和岸边景致。绿茵似毯的草地与水面相接，湖边的卵石伸向水底，湖面成为最丰富多彩、美丽动人的自然景观。开挖出的土方主要堆积在园的西北侧，目的在于制造出整个公园构图的总的围合感，同时在严寒的冬季挡住了西北风。堆出的土山成为公园的至高点，山上有花钟广场和叠石瀑布。公园用自由的环形道路联系了各个景点，“热带植物温室”、“高尔夫球练习场”、“山溪”、“花钟广场”、“水中浮莲”、“植物园培训中心”、“三艺馆”、“中心景区”、“盆景园”等。沿路点缀四季花卉，配置了丁香园、岩石园。

公园的入口广场布置了柱廊，中心用金属结构和膜材料做了一个巨大的植物抽象造型，从城市的环路和高速路上都能看到它，造型突出了游戏的效果。进入大门就是重要的景区，不同形状的几何形水池，形体和大小变化配置，池水金鱼近在眼前，轴线上规则的水池层层跌落，喷泉交织。两偶对称配置花台、小品，小品为花伞、座椅，分别由金属构架和明亮的黄色膜材料组成。轴线的端头为三朵巨大开放着的“花朵”，也由金属构架和明亮的黄色膜材料组成。“花朵”周边形成广场，从入口到广场的地形结合叠水池层层升起，到了广场上近观是公园中心的大片湖水，远望是起伏的太行山脉。

石家庄市植物园的景观建筑和小品造型现代，色彩明亮，具有现代感。

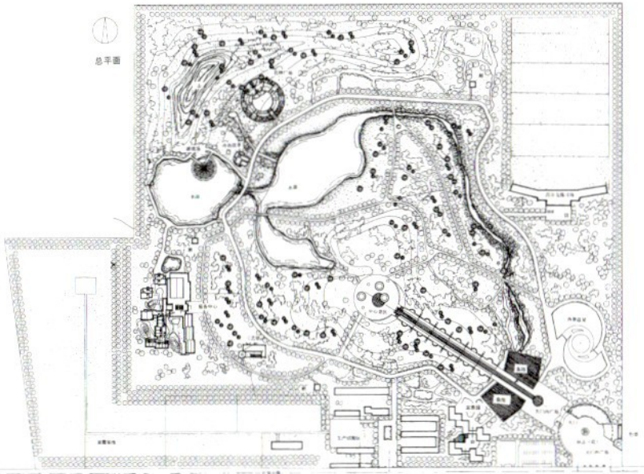

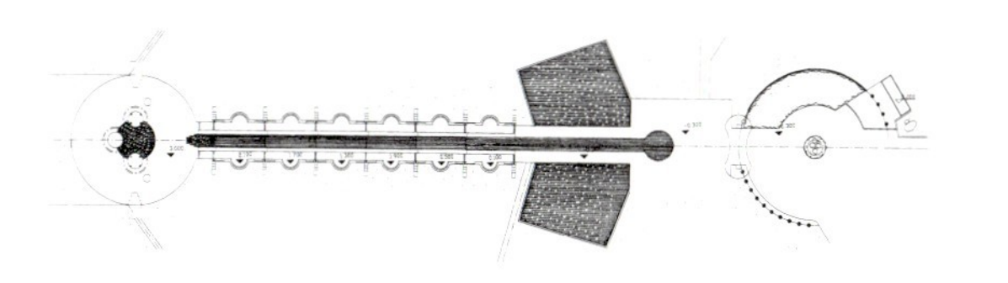

中心景区

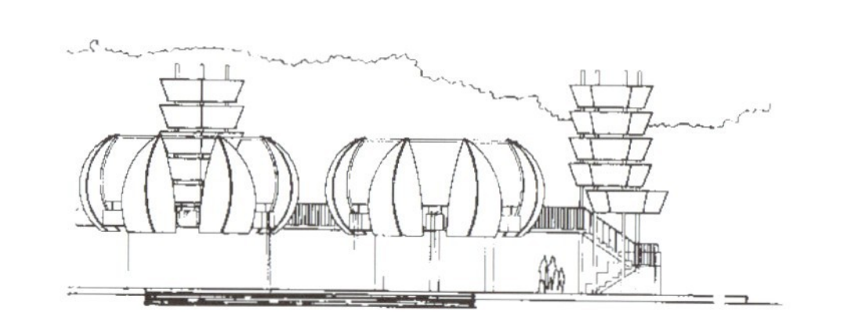

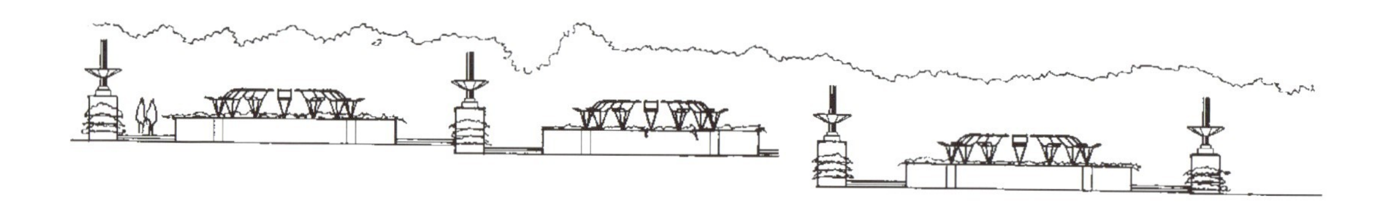

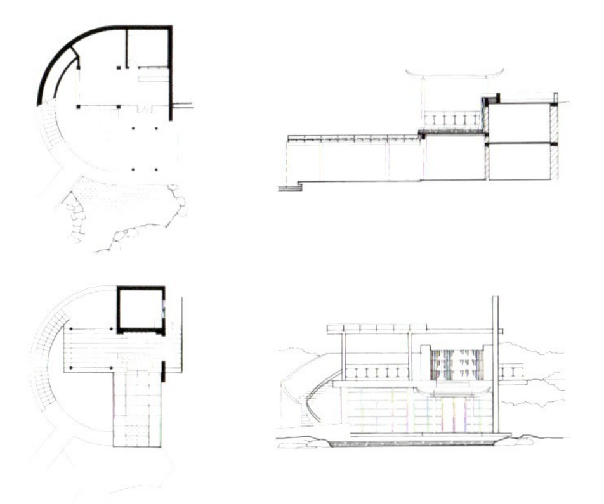

湖区小品

热带温室

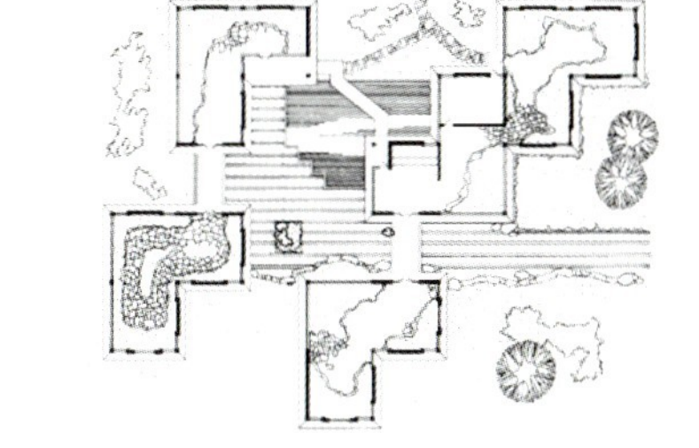

盆景园

天津保税区体育娱乐中心

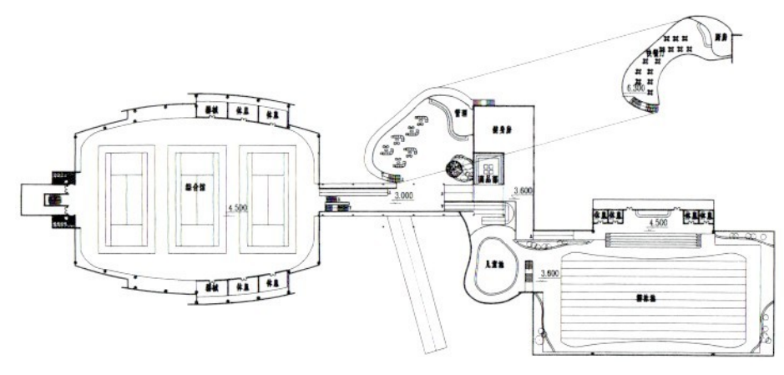

二层平面

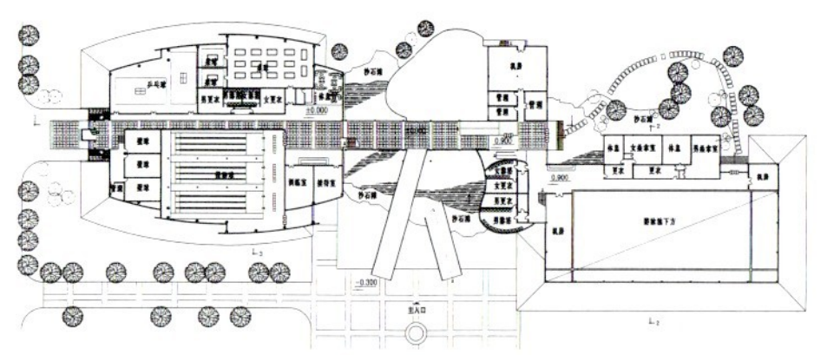

一层平面

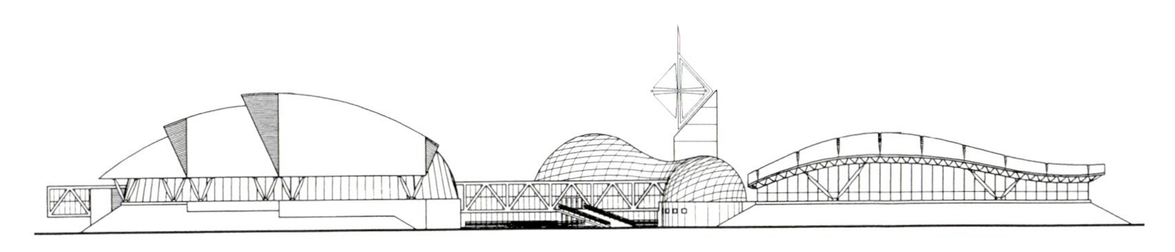

体育娱乐中心位于天津保税区门区，占地为正在改造的盐碱滩。用地西侧为保税区标志，北为高尔夫发球练习场，南邻京门大道，东为待开发地。其总体布局为，主体建筑沿东西长向展开，东侧、北侧留有内部道路，西侧设有大面积停车场。停车场满足中心与已建标志和高尔夫球场的停车。建筑的中心为一水面与沙滩和绿化结合的园林。建筑占地东西长320m，南北约93m，地段狭长。中心形成的建筑是一个带型的建筑。建筑的主入口设在南侧，用坡道组织一层和二层两个入口。一层为娱乐活动，二层为体育活动。保税区体育娱乐中心的服务范围不限于保税区，京津两地的人流将成为本中心的主要活动者。因此对中心的设计要求较高，要求中心应具有完善的一流设备和开放、自由、新颖和激动人心的建筑室内外空间形象。

体育娱乐是民众充满快乐的愉悦活动，设计力求室内、室外空间自由丰富。整个建筑充满绿化和阳光。海河是天津的母亲河，本项目的母体形象设计为贯通东西320m的钢桥，做为空中通道，体现着天津传统文化地域的文脉。钢桥左右均设体育活动厅，体育活动厅是一组互相呼应波浪形曲面顶造型的建筑。体育活动在二层，一层是娱乐活动。一层活动厅的外墙做45度角的斜坡形绿化。二层波浪型屋顶架空支立在绿色斜坡上。钢桥与体育活动厅的形体组合成为本项目的基本体。插入体是一个小组合：一个是曲面、透明的自由体；一个是海风吹来就不断旋转的风车。旋转的风车随着海风随时传递着活泼、生动的自然信息。

天津保税区服务中心

天津保税区服务中心建筑面积1.2万m^2，是管理服务的办公建筑，其基本体为三个独立的单元，用附加的室内绿化空间将其联系，成为具有室内附加专属空间的实例。

金棕榈电影广场

• 2004 年建成

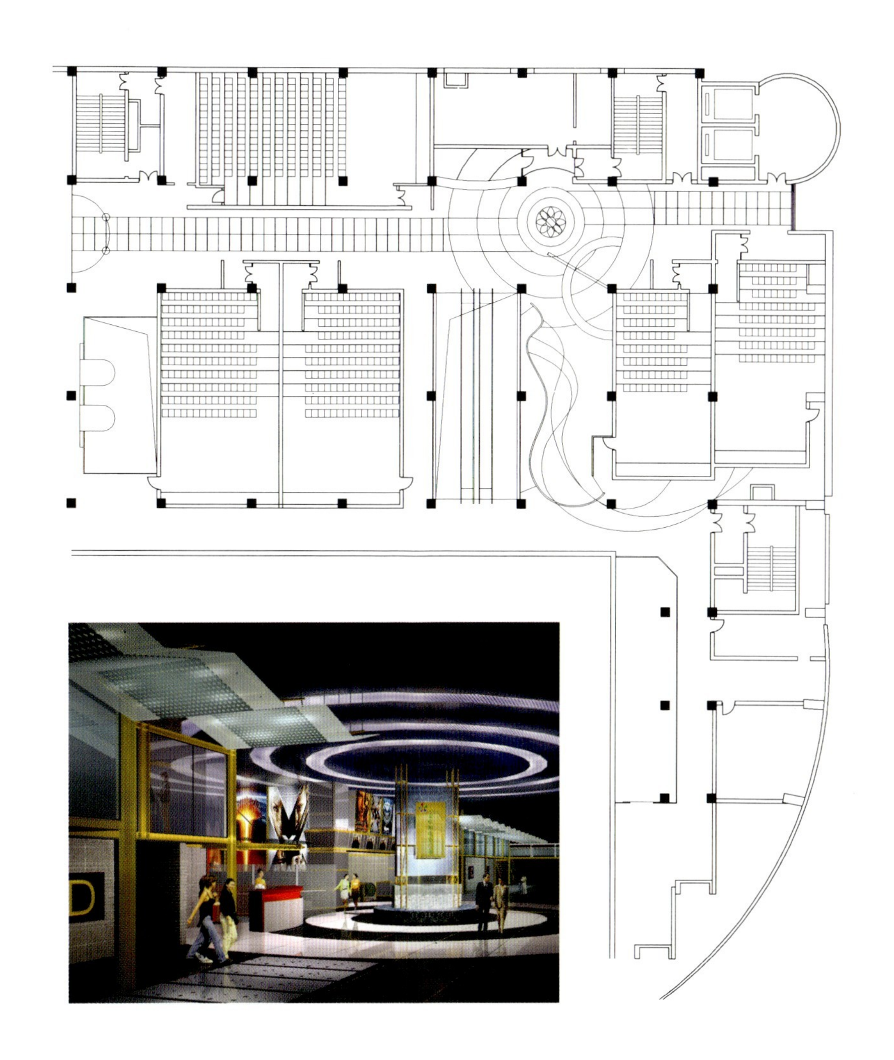

河北省电影公司金棕榈电影广场，属于五星级影院，是一种新式的多厅式影院。一种在国际流行的影院形式本世纪初在中国影院建筑中出现，影院不再单独建设，而是将影院置于一栋较大的，通常是商业性的建筑中。这在国际上，是 20 世纪 50 年代和 60 年代建筑商们所确立的模式。这样做一方面是由于防护技术的发展和软片材料质量的改进，有了更好的防火性能，使影院与大型综合建筑融为一体成为可能。另一方面更是出于经济的原因，现代化的大楼中间都有一些深深的、无光线的地方，这些地方是用作电影院的理想之地。

金棕榈电影广场置身于石家庄市人民商场 6 层，占用面积 1800m²，含有 5 个影厅，可容纳 582 人。A 厅 181 座，B 厅、C 厅均为 144 座，D 厅为豪华厅 21 座，E 厅 92 座。设置了进退场的双通道。金棕榈电影广场是一种单一的多厅式的影院。在 5 个厅的中间设置了观众活动的带形空间，作为观众的候场和入场空间。观众散场则在每个影厅的另一侧由疏散门进入疏散通道，由商场建筑提供了四组垂直疏散交通。中间一组自动扶梯为主要入口，两组疏散垂直电梯可提供夜间使用。影厅宽度控制在 8m 至 9m，宽银幕无遮挡。放映室用轻钢结构架空于通道与影厅中间。下部为影厅入场暗过道，隔断了厅内外空间的声光干扰。

金棕榈电影广场的装修突出钢架和清水混凝泥土 3E 板的本身特性。在通道中用玻璃做局部折板吊顶，并利用灯光变幻多彩的影像。地面铺设布满“星座”的金属板，组成星光步道。通道的两侧墙面，放置了电影广告和影厅入口灯箱。金棕榈电影广场的主要空间形象为进场的大通道，它集合了候场和入场的全部人流，是主要活动区域。在设计中将通道两侧的清水混凝土作为基本环境体。将放映室架空，用钢架和通透的玻璃形成连贯的贯穿体，贯穿体色彩为鲜明的黄色，这种对比为电影广场带来了生气。将放映室做为通透的玻璃体，放映活动的人的流动和机器的运转全部暴露，使贯穿体形成运动体，成为一个重要亮点。影厅内部墙面、顶面做吸声处理。不同的影厅形成不同的风格与品位。

金棕榈电影广场多厅的形式，通透的放映室，清水混凝土和钢铁的装饰风格成为影院建筑的一种新形式，新亮点。

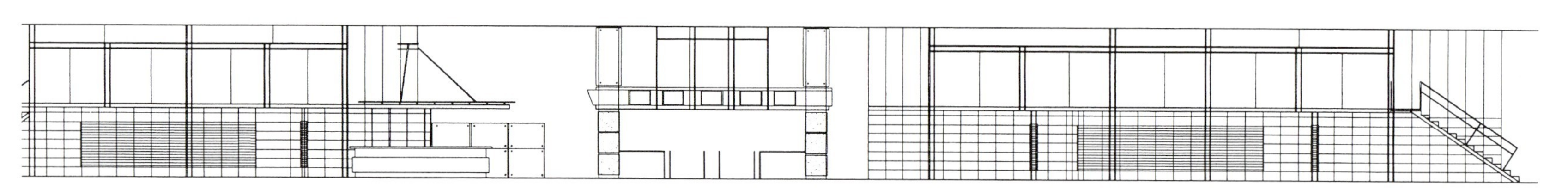

带形活动空间立面

A 厅

将放映室做为通透的玻璃体，放映活动的人的流动和机器的运转全部暴露形成运动体，成为一个重要亮点。

咖啡厅

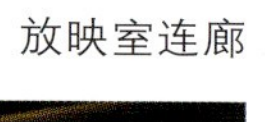

放映室连廊

带形空间

三亚南山佛教文化旅游区梵钟苑

中国佛钟在唐朝以后中国古钟发展的龙头作用是十分明显的。明朝永乐大钟是佛钟乃至中国古钟的杰出代表，至此，中国钟已不是简单的实用意义上的钟，而是一种思想、一种文化、一种精神的象征。

南山佛教文化苑从民间陆续收集39口唐、宋、元、明、清的古钟，并敬祷“和平”、“报恩”、“祈愿”三口唐钟，四十二只钟合观

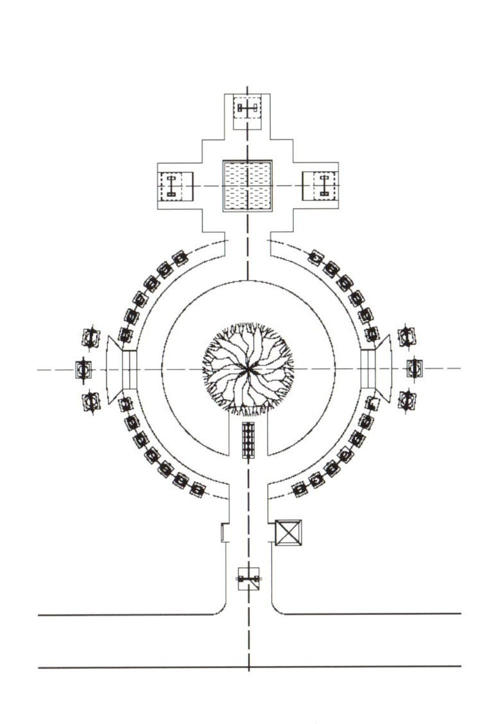

世音菩萨“四十二大愿”之说。“梵钟苑”集四十二口钟，其总体布局用“圆”和“方”组成两个连续的空间，第一个层次用钢架悬吊古钟，围合成圆的院落，中心为古树，这一个空间可视为“神”的空间，用以观赏；第二个层次用牌坊悬吊三口敬祷的钟，围合成“方”的院落，中心为荷花池，这一个空间可视为“人”的空间，游人在此撞钟。“梵钟苑”恢宏、吉祥的钟声祝祖国昌盛富强，游人合家幸福。

三亚南山海景宾馆

三亚南山海景宾馆位于南山佛教文化旅游区内，座山观海。宾馆建筑面积1.451万m^2，二层分散布置，设有大堂和8个客房楼，拥有152套海景房，提供多种风味的餐饮服务，为五星级标准，其中心位置为极具特色的山上景观游泳池。

南山海景宾馆结合地形，处处渗透热带自然情趣。热带植物，山景、海景，建筑溶为一体。宾馆的内外空间科学的结合传统风水理论，将南山海上观音做为外空间对景，中心景观游泳池为葫芦形，水自上而下连续不断的层层跌落形成多个瀑布，景观池上部用取自古印度寺庙的群狮雕塑陈列两侧，水中置仿于隆兴寺内明代的毗卢佛。景观池最上方为《教海观澜贵宾厅》。厅内后墙巨形浮雕“南海自在观音”。整个外空间溶入了佛教文化，整个山体“归依了佛门”。

宾馆大堂以青铜毗卢佛为中心，下设金鱼池。瀑布从后向前涌出，两侧为梯形砂岩柱，上置吊挂青铜钟的方架，喻意为宇宙。形成了具有佛教文化的领域空间，大堂以金鱼池为界，一侧为接待，后墙砂岩壁雕图形来自东南亚，为护法大鹏。另一侧为大堂吧，大堂吧以钢琴为中心，让音乐相伴休息的游人。

大堂二层为南山食府，由宴会厅、铁板烧、咖啡厅组成，大堂还设有250人的多功能厅和教海观澜贵宾厅。

152间海景会馆客房宽敞明亮，面向大海，周围翠竹环绕。

海景宾馆在山下设置了山门，定景区名为“教海观澜”，山门取意为平安。山门两侧设水景，水自花瓶中涌出，表示了充盈富足。海景宾馆突出了青铜吊钟和佛教圣物，喻意社会的和谐安宁。

走廊

南山食府

多功能厅

客房楼室内

咖啡厅

入口

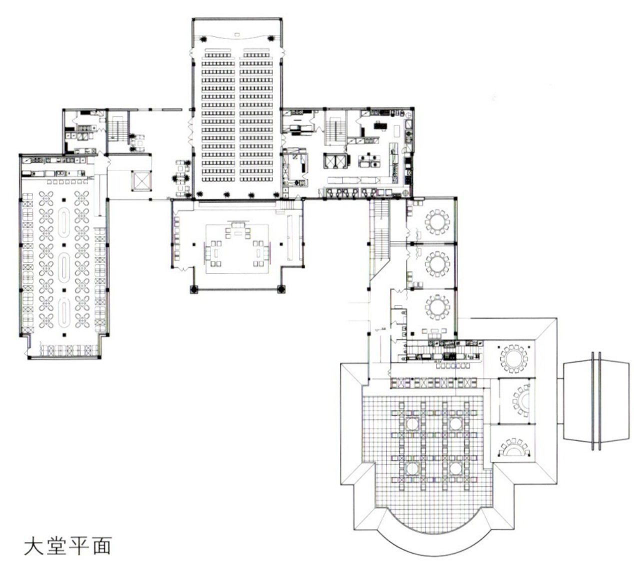

大堂平面

贵州百花湖度假村

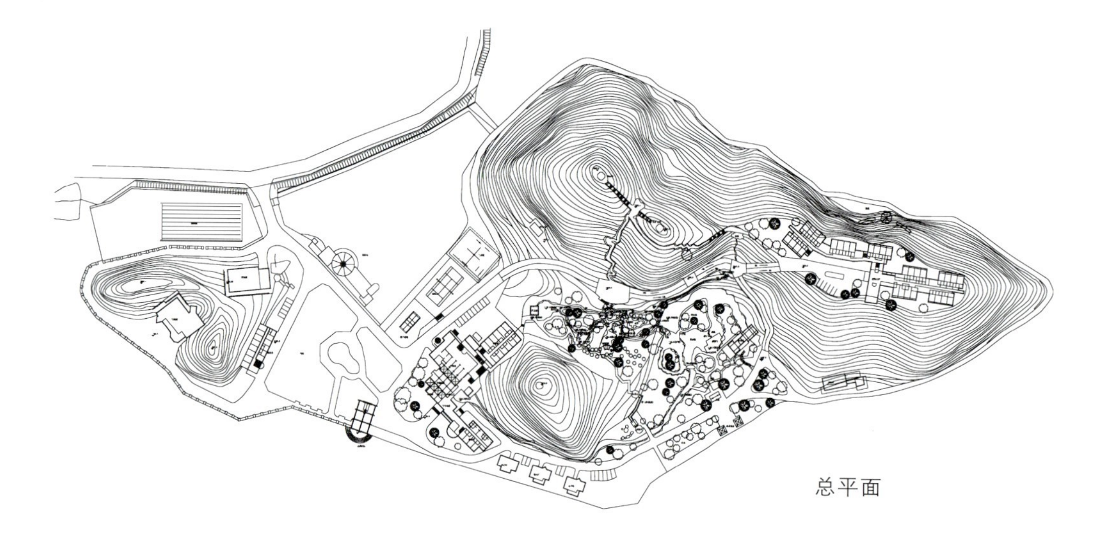
总平面

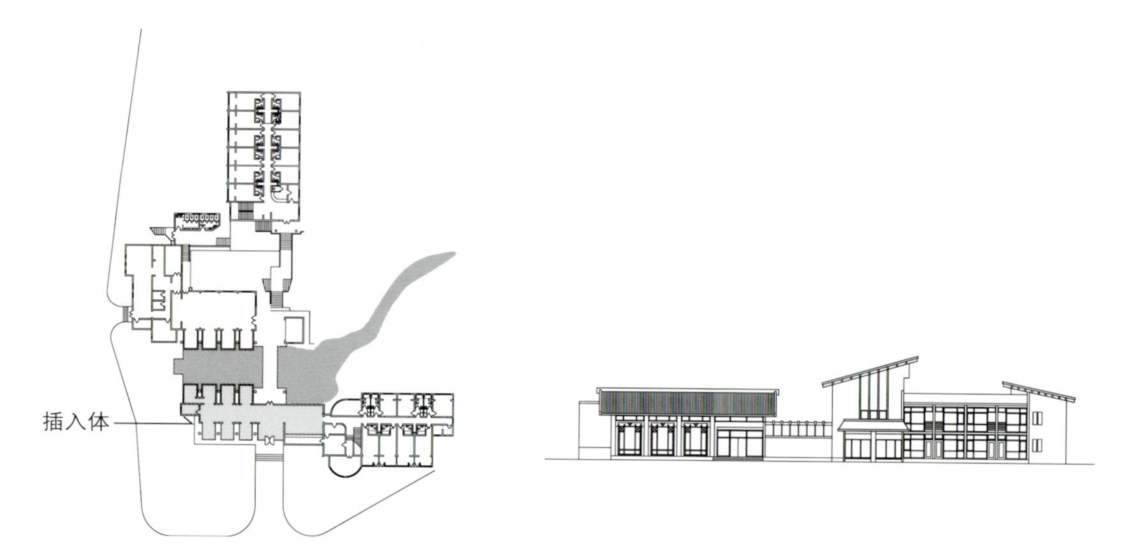

贵州百花湖度假村是改建项目。该项目位于百花湖的一个岛上。岛上竹木茂盛，零散已建有几处客房楼、餐厅、娱乐厅等建筑。本设计的建筑改造主要体现如下：

1.已建建筑已有一定的面积，为保护自然环境不宜再扩建。但原有建筑内部装修品质不高。在提高内部功能质量的同时，更需加强外部形象的个性。原其外部造型为红、黄的琉璃瓦坡屋面，需按当地民居风格一律改为黑瓦屋面，白粉墙，并使其成为基本格调。

2.为解决原有建筑的分散和使用上对建筑的进一步的要求。需要增加插入体。插入体为度假村新的大厅。建筑面积400m²，单层。

插入体保留了黑瓦坡屋顶。在其他形象上则尽量做的具有时代感，但又保持本土自然特点，采用大玻璃使其通透。屋顶结构采用轻钢结构。柱面为当地石材，其他装修尽量使用本色原木。贵州百花湖度假村的改建从型式本体上继承了当地民居的传统，在插入体上则主要体现现代感，是传统与现代共存的矛盾体。本设计在使用现代建筑的语言符号时也尊重原有建筑，并未做得很另类，因为本项目应当体现的主要是与自然的亲和感。

京都珍宝坊

京都珍宝坊是一个集展销为一体的、具有文化性的高级珍宝市场。它拟建于北京东长安街，与故宫和天安门广场为邻。在这样一个重要地段建造现代化的商业建筑成为设计的难点。

京都珍宝坊设计的思路：

(1) 对故宫采取尊重的态度，维护其视觉上的地位；

(2) 满足自身功能要求，表达时代特点；

(3) 反映中国文化的精神内涵。

京都珍宝坊抓住了“天人合一”中根本的“统一”的思想来进行各环节的设计。

(1) 建筑自身的统一。在中国的传统思想中每个细小的事物都和宇宙一样是个统一体，在设计中，统一地分布内部空间。用三个庭院构成了整个建筑的空间围合模式。如保留原有红墙，恢复贯穿东西方向的菖蒲河。

在功能设计上体现了建筑自身的统一，珍宝坊的一层结合菖蒲河、古树和集中绿化区，设计为游览者集中的景点，而珍宝市场则集中布置在地下一二层，使其与游览人流分开，达到文化性与商业性的统一。

(2) 建筑物和故宫的统一。采用了“无”的思想。沿长安街保留原红墙，从街上只能看到故宫城墙的延续，看不到珍宝坊。入口安排在东西两侧，这样在长安街上就有一个和故宫相统一的完整形象。

(3) 建筑物和城市格局的统一。京都珍宝坊的西侧是最具纪念性的政治文化场所，东侧临近王府井商业区。珍宝坊作为集文化气息和商业气息为一体的建筑成为这两个区域之间的过渡部分，促成了城市格局的统一。其平面形式并未采用完全的单纯四合院的形式，也未完全按照商业建筑的空间模式去创作，而是采用内部开放的围合形式。珍宝坊设计试图延续传统商业区的空间构成方法，来表达文化性商业建筑的特点。

(4) 建筑和自然景观的统一。自然景观成为重要的主题。通过建筑适当地退让围合处理，形成了以古树为中心的绿化庭院。菖蒲河成为活跃的自然景观，使建筑更大范围地与水亲近。

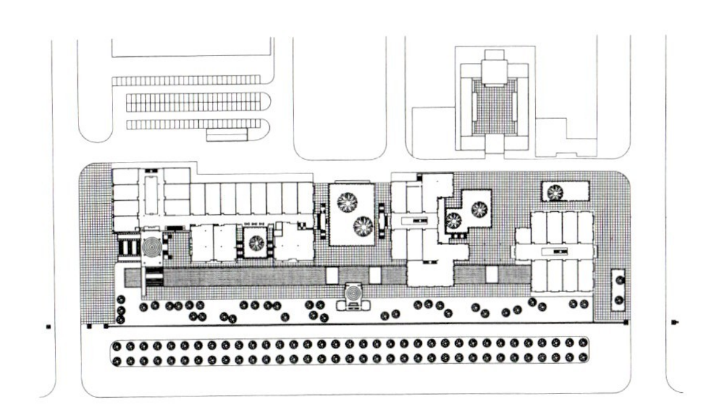

石家庄市博物馆

• 1987 年建成
• 河北省优秀设计二等奖

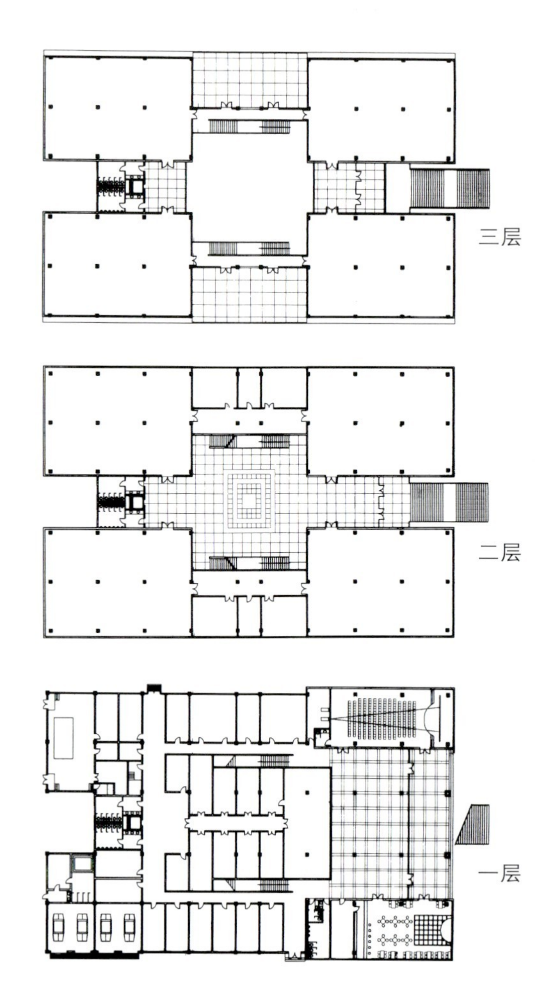

石家庄位于河北省中部，和周围的乡村联系紧密，是解放后新发展起来的省会城市，不但带有浓厚的乡土气息，而且历史悠久的燕赵文化也给它留下不少文化遗产，其中当地的民居很有特色。

河北民居特征鲜明，厚重的墙体和屋顶形成基本的体形，白粉墙面勾着砖边，点缀着黑色的门、黑色的窗、白色的窗纸、红色的对联和门面，形成朴拙、粗放和强烈的艺术风格。它不奢华铺张，具有很强的功能性，集生产和生活于一体。民居的主人多以务农为主，用木棒槌打成的平屋顶可以用来晒粮食。冬季寒冷，夏季干热，保温比空气对流更重要，用土坯或夹心土坯建造成的厚重墙体可以很好地保温，窗子开得小，也开得少，并且只开在朝阳的正面。用砖砌成的梯台，或用圆木劈开做成的木梯，放在院子里，保持了地面和屋顶的联系，也形成了一种特殊的装饰。

劳动的主人造就了河北民居的朴实特色。一切华丽的、繁琐的装饰在这里都是多余的，有的只是墩实质朴的风格，看到的是厚重的实体。但热爱生活的人们并没有放弃对美的追求，在简单的形体上他们在入口等重要部分做了精装饰，虽然只是一点，但简朴又精美，起到了画龙点睛的作用。在设计石家庄市博物馆时采用了这种朴拙、厚重、强烈而不失精美的基调。

传统的民居体型虽简单厚重，但入口处都做得极为精美。强调入口并给入口装饰以深刻的含义。这种形式形成了一种艺术风格。这种艺术风格就运用在博物馆设计中。

博物馆建筑面积6300m^2，建在市中心长

安公园西侧市文化局所属的一片用地上。建筑包括四个普通展厅、四个珍品展厅、藏品库、管理室、研究室和报告厅。

将展厅以外的铺助部分集中置于一层，展厅部分则置于二三层，由室外上大台阶至二层的主入口进入博物馆。展厅设计吸取民居院落的围合空间及方位处理，即按四角阳、四角阴、阳出阴入的中国传统喻意来布置平面，形成四角围合一个中厅的“亚”字形构图。“亚”字形是古人心目中宇宙中心的象征。中厅为两层通高，上置圆形透光网架，喻“天圆地方”，是关于天地之形的表述。以上这些传统的喻意与博物馆的展出内容相呼应。中厅既作为入口大厅，又为所有展厅联系和休息共享之用。八个展厅分为两层，置于中厅周围的四个角中。石家庄博物馆的造型设计就是在河北民居的形象基础上加以艺术变形和夸张的手法形成的。

在立面上，展厅凸出厚重、墩实的体量，凹入的入口是整个建筑的重点，形成了强烈的阴影。建筑拙朴与河北民居的气质达到了“神似”。同时吸取了河北民居细部装饰的处理方法，将整个建筑的细部置于入口，不但使建筑生动细致、对比强烈，而且突出入口。为打破立面的水平感，方案采用了河北定兴北齐石柱的样式，在入口处设了一对装饰柱——“三锋戟形器”它是古中山国的标志，更能代表燕赵文化，成为入口处的装饰，这个装饰也成为石家庄博物馆的标志。

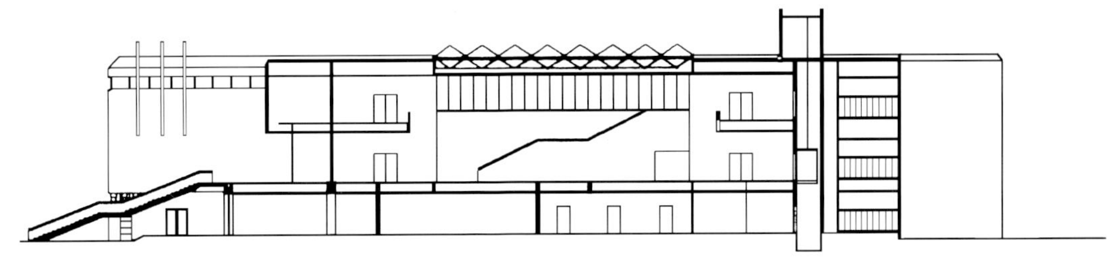

剖面

武强
年画博物馆

• 1987 年建成
• 河北省优秀设计二等奖

武强年画是用梨木刻版，采用黑、红、绿、黄、紫、粉套色水印的木版画。手工印绘、刻、印紧密结合，古朴而又精美。武强年画构图饱满，线条粗放，色彩强烈，装饰性强，有自己独特的艺术风格。其画面结构紧凑，主题突出，人物场景简练；其刻版以阳刻为主，兼施阴刻，线条稳健、流畅、奔放、生动，粗中透细，拙中见巧；其色彩多采用原色，色彩单纯而有变化，强烈而又调和，使人感到绚丽热闹。因此，武强年画具有浓厚的民间色彩，有很高的艺术价值。

“年画”与“河北民居”本来就有千丝万缕的联系。武强年画是我国北方一种古老的民间艺术，它反映了广大人民的思想愿望，适应了广大农民群众的节令、风俗习惯和审美观点。民居院里、院外、窗上、灶台无不悬挂张贴武强年画，使年画的美通过民居为载体和实用功能融为一体，是广大农民美化居住环境的一种主要方式。可以说武强年画和河北民居一起构成了完整的艺术形象。因此在设计时，博物馆的形式就取材于河北民居。

武强年画博物馆用民间传统的院落式布局，设计有一个主轴线，主轴线的底景是主展馆。一层为展厅，主要展出古版珍贵作品的复制品；二层为珍贵古版的收藏。轴线的东侧做了几个散落的展馆用于年画的制作和展出。轴线的西侧为销售部。建筑都采用河北民居形式，加大了尺度，做了适度的夸张变形。主馆和东西两侧展馆用游廊联系，自然围合成院落，这样也满足了在集市和节令变化日年画市场的场地需要。建筑色彩尽量简单，采用了灰、白两色，并以白色为主。每个建筑均可张贴、悬挂武强年画，以使整个博物馆群体和年画融为一体。使人联想到传统的民居与年画的融和。武强年画博物馆总建筑面积 1600m^2。

图书在版编目(CIP)数据

中国建筑的双重体系／焦毅强著.—北京：中国建筑工业出版社，2005
ISBN 7-112-07359-6

Ⅰ.中... Ⅱ.焦... Ⅲ.建筑设计－资料－中国 Ⅳ.TU206

中国版本图书馆 CIP 数据核字（2005）第 036672 号

责任编辑：唐 旭 李东禧
责任设计：崔兰萍
装帧设计：张大治
责任校对：刘 梅 赵明霞

中国建筑的双重体系
焦毅强 著
*
中国建筑工业出版社出版、发行(北京西郊百万庄)
新华书店经销
北京嘉泰利德公司制版
北京方嘉彩色印刷有限责任公司印刷
*
开本：787 × 1092 毫米 1/12 印张：11 字数：330 千字
2005 年 5 月第一版 2005 年 5 月第一次印刷
定价：108.00 元
ISBN 7-112-07359-6
(13313)

(邮政编码 100037)
本社网址：http://www.china-abp.com.cn
网上书店：http://www.china-building.com.cn